AF596823

NOTIONS

DE

GÉOMÉTRIE PRATIQUE.

Corbeil, imp. de Crété.

NOTIONS

DE

GÉOMÉTRIE PRATIQUE

NÉCESSAIRES A L'EXERCICE

DE LA PLUPART DES ARTS ET MÉTIERS,

PAR L. GAULTIER.

NOUVELLE ÉDITION

AVEC 176 FIGURES GRAVÉES.

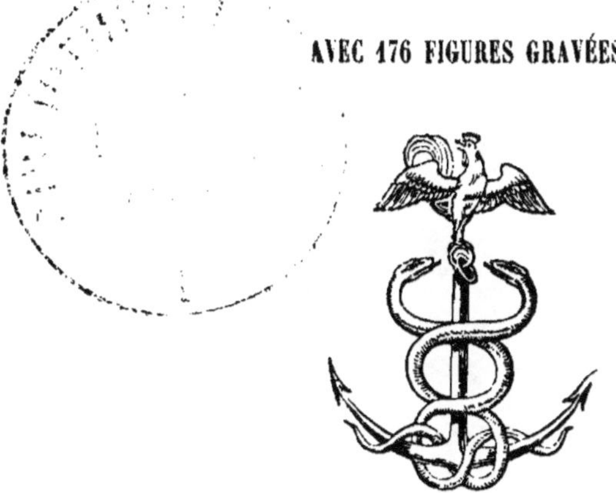

A PARIS,

CHEZ JULES RENOUARD ET Cie,

LIBRAIRES-ÉDITEURS, PROPRIÉTAIRES DES OUVRAGES DE L'ABBÉ GAULTIER,

Rue de Tournon, 6.

1845

Extrait du JOURNAL D'ÉDUCATION, publié par la société pour l'Instruction élémentaire (2e année, n° IX, Juin 1817).

Notions de Géométrie pratique.

PAR L. GAULTIER.

Il n'est peut-être pas de profession industrielle à laquelle cette science ne soit, sinon de la première nécessité, au moins d'un très grand secours et d'une utilité importante. *Menuisier, charpentier, mécanicien, maçon, artisan de toute espèce,* quel que doive devenir l'enfant auquel on cherche à donner une instruction utile, il se trouvera bien d'avoir acquis cette connaissance, et il en exercera son état avec plus de fruit et de facilité. On peut dire qu'il est impossible que cette méthode ne soit pas bonne, puisqu'elle a été, pour ainsi dire, calquée sur l'intelligence des enfans; que la mesure en a été prise et reprise par l'auteur, jusqu'à ce qu'elle se trouvât parfaitement juste, et que sa création, en un mot, a été devancée par l'expérience.

Au moment où l'on s'occupe d'établir des écoles régimentaires, il nous semble qu'il ne serait pas sans intérêt de joindre ces connaissances à l'instruction que l'on veut donner aux soldats, et que la facilité et l'exactitude des mouvemens pourraient tirer beaucoup de fruit de ces notions exactes et de l'habitude de la précision.

Voyez aussi : *Exposé analytique des méthodes de l'abbé Gaultier, par L. B. de Jussieu ;* Paris, 1822, in-8, pages 148 et suivantes.

Et : *Guide des parens et des maîtres qui enseignent d'après la méthode de l'abbé Gaultier ;* par LAURENT DE JUSSIEU. Paris, 1835, in-12, pag. 162 et suiv.

Ce traité, destiné principalement aux élèves des Écoles élémentaires, conduites d'après la méthode d'enseignement mutuel, est divisé en cinq livres.

Chaque livre est destiné à une classe différente d'élèves.

AVERTISSEMENT

DE L'ÉDITION DE 1817.

On est surpris de voir que des jeunes gens, qui sont d'ailleurs assez avancés dans l'étude des mathématiques, se trouvent souvent embarrassés pour juger, du premier coup d'œil, si une ligne est tout à fait droite, si elle tombe réellement à plomb sur une autre, si elle est divisée en parties égales, si sa forme est circulaire ou ovale.

Mais la surprise devient encore plus grande quand on examine la manière incorrecte et grossière dont quelques-uns, parmi eux, tracent leurs figures en démontrant une proposition.

On est tenté alors de convenir qu'il serait à propos de faire précéder l'étude des mathématiques de quelques exercices, destinés particulièrement à donner aux commençans, non-seulement un coup d'œil juste pour juger d'une figure, mais encore de la souplesse dans les doigts pour la tracer proprement.

En effet, ce double exercice préliminaire aurait l'avantage de préparer à l'étude des définitions géométriques, comme celles-ci préparent à la démonstration des propositions ; car si la marche progressive est utile dans les arts, elle semble devoir particulièrement convenir à l'étude des mathématiques, qui se font une loi de conduire constamment l'élève du simple au composé, du connu à l'inconnu, de ce qui est facile à ce qui l'est moins.

Qu'on ne croie pas d'ailleurs que ce double exercice préparatoire puisse ennuyer les enfans ; on verra, au contraire, qu'il les amuse beaucoup, surtout lorsqu'il est fait sur une ardoise, d'où il est facile d'effacer un trait faux et de le remplacer sur-le-champ par un autre plus correct.

Nous ajouterons encore que l'expérience, si bonne à consulter dans la création des méthodes, nous a montré que cet exercice devenant un jeu pour eux, les encourageait au travail et leur rendait, dans la suite, plus piquante et plus agréable la solution des problèmes.

On sait que les enfans manquent rarement de s'attacher à une occupation qui leur donne occasion d'exercer leur activité naturelle, et qui leur prouve sensiblement que leurs sens, leur jugement, leur adresse employés toujours avec moins d'efforts, se perfectionnent. Ils se croient déjà fort avancés, lorsqu'ils savent tirer à la main quelques lignes droites et décrire avec assez de netteté sur leur ardoise une figure quelconque. Cette conviction flatteuse peut concourir puissamment à développer dans la suite le germe d'un grand nombre de connaissances réelles.

Nous n'ignorons pas qu'il peut exister de grands géomètres, peu habiles d'ailleurs à dessiner leurs figures; mais qui ne conviendra pas qu'un peu plus d'adresse et de propreté dans leur travail ne déparerait pas leur science?

Au reste, qu'on se souvienne que notre Traité élémentaire est destiné principalement aux petits ouvriers, et a surtout pour objet de leur rendre la main plus adroite dans les diverses opérations mécaniques, et de leur créer, pour ainsi dire, *un compas dans l'œil.*

Nous nous empressons d'autant plus de développer en eux ces deux connaissances précieuses que, si quelques-uns parmi eux ne pouvaient pas en acquérir d'autres plus relevées, celles-ci leur suffiraient pour rendre, en grande partie, plus exactes et plus faciles les opérations auxquelles ils seront destinés.

En suivant exactement la gradation d'exercices que nous leur traçons ci-après, ils peuvent en peu de temps, d'eux-mêmes, tout en s'amusant et sans maître, parvenir à acquérir assez d'exactitude dans leur coup d'œil et assez d'assurance dans leurs traits de main.

Il ne leur faut pour cela qu'une *ardoise*, un *crayon*, une *règle*, une *équerre*, un *compas* : ils y ajouteront une ficelle lorsqu'ils voudront faire les opérations plus en grand, comme l'exigent l'arpentage, la maçonnerie, la charpente.

NOTIONS

DE

GÉOMÉTRIE PRATIQUE,

PAR L. GAULTIER.

LIVRE PREMIER,

OU

ÉTUDE DE LA PREMIÈRE CLASSE.

MANIÈRE DE SE PRÉPARER ET DE S'EXERCER SEUL AUX PREMIERS ÉLÉMENS DE LA GÉOMÉTRIE.

Exercice premier.

1 2 3

L'ÉLÈVE trace d'abord à la main, sur l'ardoise, des lignes droites plus ou moins longues, et les corrige ensuite lui-même avec sa règle.

Exercice deuxième.

4 5

Quand il trace bien les lignes droites, il se donne deux points, d'abord rapprochés, ensuite plus éloignés, et il tâche de les joindre par une ligne droite, en se corrigeant toujours avec la règle.

Exercice troisième.

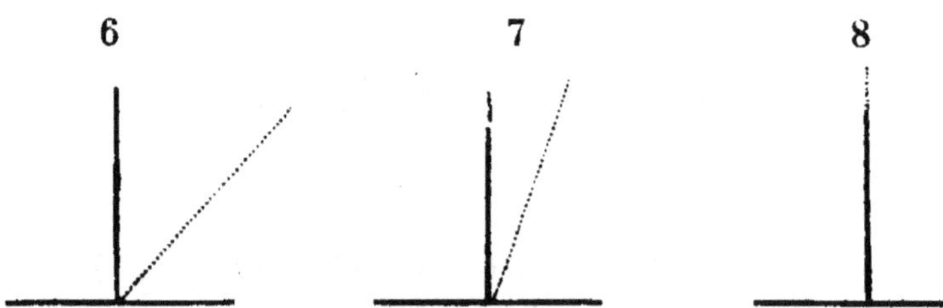

Dès que l'élève est familiarisé avec les deux exercices précédens, il trace une ligne qui tombe d'aplomb sur une autre ligne droite, c'est-à-dire, une *perpendiculaire*. Il corrige lui-même avec l'équerre son travail ; s'il est fautif, comme dans les figures 6 et 7, il continue à s'exercer jusqu'à ce que l'équerre tombe exactement sur les deux lignes tracées.

Exercice quatrième.

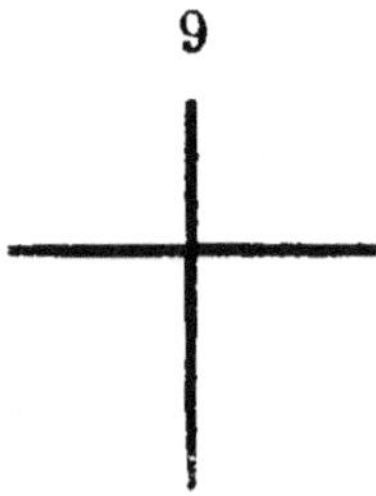

Il prolonge la perpendiculaire qu'il vient de tracer dans la figure 8, de manière à former une croix dont chaque côté tombe d'aplomb sur deux autres.

L'élève continue cet exercice jusqu'à ce que les perpendiculaires qu'il trace s'accordent de tous côtés avec l'équerre.

Exercice cinquième.

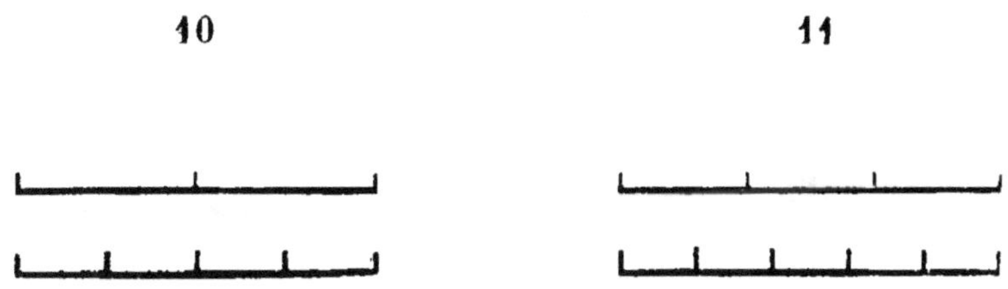

L'élève divise une ligne en deux parties égales, et vérifie son opération avec le compas.

Il la partage ensuite en trois, en quatre, en cinq, comme dans les fig. 10 et 11, en se corrigeant toujours lui-même, avec le compas, et en changeant la longueur de la ligne à chaque essai. Lorsque cet exercice lui sera devenu facile, il passera à l'exercice suivant.

Exercice sixième.

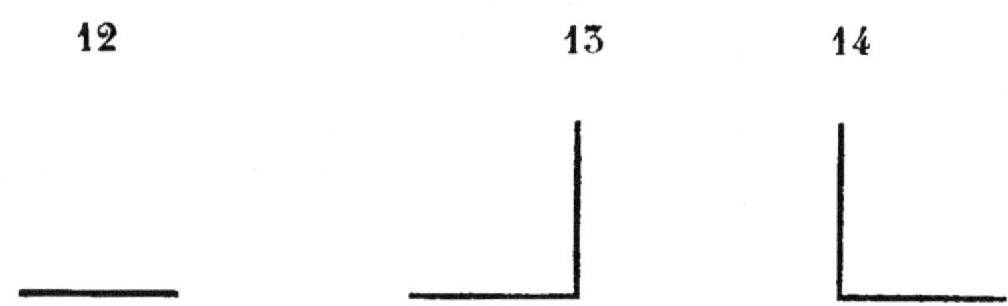

Une ligne droite étant donnée (fig. 12), il la transporte deux fois sur son ardoise. Sur l'extrémité droite de la première et ensuite sur l'extrémité gauche de la seconde, il élève deux perpendiculaires de même longueur que les lignes tracées (fig. 13 et 14). Il rectifie les deux perpendiculaires avec l'équerre et corrige leur longueur avec le compas.

Il continue cette opération jusqu'à ce qu'il la fasse parfaitement sans le secours des instrumens.

Exercice septième.

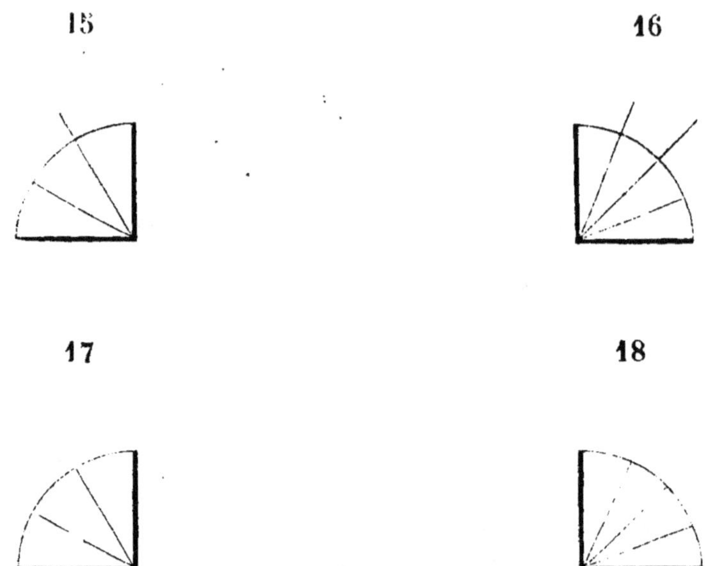

Entre deux lignes de la même longueur et placées en équerre, c'est-à-dire perpendiculairement l'une à l'autre, telles que celles qu'il a faites dans l'exercice sixième, il mène, à partir du sommet de l'angle, deux ou trois autres lignes de même longueur que les premières. Il les corrige de même avec le compas. (Pour faire cette correction, il place une pointe du compas au sommet de l'angle, et l'autre à l'extrémité de la première ligne, d'où il part pour aller rencontrer l'extrémité de la seconde ligne.)

Si son opération est mal faite, telle que nous la présentons dans les figures 15 et 16 ; il en recommencera d'autres, jusqu'à ce qu'il parvienne à les bien faire, comme celles n°s 17 et 18, à vue d'œil et sans compas.

(Chacune de ces figures se nomme *quadrant*. La partie du cercle qui va d'une ligne à l'autre se nomme *arc*. Les différentes lignes droites qui partent du même point sont des *rayons ;* et le point d'où partent les rayons, se nomme *centre*.)

L'élève continue cet exercice jusqu'à ce qu'il parvienne à faire, à vue d'œil, un quadrant assez régulier.

Exercice huitième.

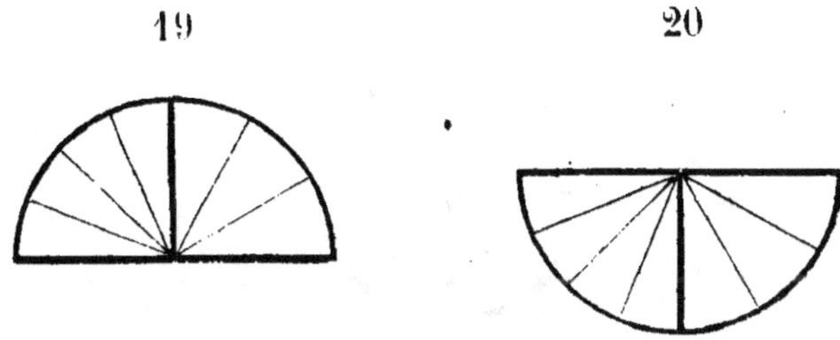

L'élève forme et joint ensemble sur la même ligne les deux quadrants qu'il a faits séparément dans l'exercice septième; il aura par ce moyen un *demi-cercle* (fig. 19). Pour s'assurer ensuite si cette figure est bien faite, il en vérifie la partie droite avec la règle, et la partie ronde avec le compas, en plaçant une de ses pointes sur le centre et faisant tourner l'autre.

Il fait de même un autre demi-cercle égal au premier, mais en sens inverse, c'est-à-dire, dont la partie ronde soit en dessous (fig. 20). Il corrigera ce second demi-cercle comme le premier.

Exercice neuvième.

21

Sur une seule et même ligne, l'élève forme et joint ensemble les deux demi-cercles qu'il a faits séparément dans l'exercice huitième, il a dès lors un *cercle* entier (fig. 21).

Il vérifie son travail en mettant une pointe du compas au point où toutes les lignes se coupent, c'est-à-dire au *centre*, et parcourant avec l'autre toute la rondeur du cercle.

Exercice dixième et dernier.

22.

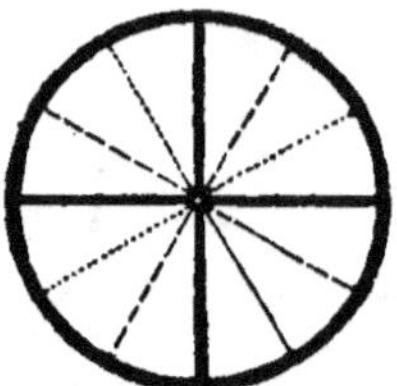

L'élève devra tracer un cercle sans le moyen du quadrant.

Pour cela, il prend un point d'où il tire un certain nombre de lignes égales, comme dans la figure 22. Il décrit une ligne courbe qui passe par les extrémités de toutes ces lignes. Par le moyen du compas, il s'assure toujours de la perfection de son travail, et il le continue jusqu'à ce que le cercle qu'il aura tracé soit couvert par celui que décrira le compas.

A mesure qu'il devient plus habile, il diminue graduellement le nombre des lignes qu'il a tracées d'abord, jusqu'à ce qu'il finisse par tracer un cercle qui ait pour centre un point donné.

Il s'exerce enfin à indiquer, à vue d'œil, le centre de tout cercle qu'on lui présente, et il continue cet exercice jusqu'à ce qu'il devienne un jeu pour lui.

FIN DU PREMIER LIVRE.

LIVRE II,

OU

ÉTUDE DE LA SECONDE CLASSE.

FIGURES RECTILIGNES.

OBSERVATIONS.

Pour rendre plus concise la solution de nos problèmes, et pour la faire saisir d'une manière plus rapide, nous établissons ici quatre signes de convention, qui conduiront, sans peine, l'élève dans les diverses opérations qu'il doit faire successivement pour résoudre les différens problèmes.

Les lignes les plus épaisses indiquent la première opération à faire; les moins épaisses, la seconde; les lignes à petit trait, la troisième; et celles à petits points, la quatrième. Exemple :

Première opération ━━━━━━━━━━━━━━━━

Seconde opération ────────────────

Troisième opération ------------------

Quatrième opération ....

Ces quatre signes nous suffisent pour faciliter l'explication de tous nos problèmes.

SECTION PREMIÈRE.

DES LIGNES PARALLÈLES,

OU DES LIGNES ÉGALEMENT ÉLOIGNÉES ENTRE ELLES DANS TOUTE LEUR ÉTENDUE.

PROBLÈME Ier.

D'un point donné à l'extrémité gauche et au-dessus de la ligne (fig. 1), menez une parallèle à la première.

1. 2.

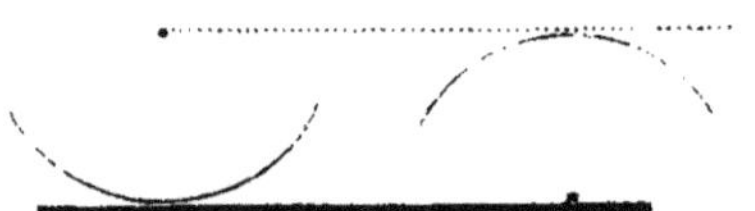

Je place la pointe du compas sur le point donné, et je décris un petit arc qui ne fasse que toucher la ligne. Sur l'extrémité droite de la ligne, je décris un autre arc, sans changer l'ouverture du compas. Je mène, par le point donné, une ligne qui ne fasse que toucher le dernier arc. Cette ligne sera la parallèle demandée.

Exercices 1, 2, 3.

D'un point donné 1° *au-dessus* de l'extrémité droite; 2° *au-dessous* de l'extrémité gauche; 3° *au-dessous* de l'extrémité droite d'une ligne, menez, vous-même, une parallèle à cette ligne (*Voy.* les figures 1, 2, 3, des Exercices, page 36).

PROBLÈME II.

D'un point qui se trouve hors ou presque hors de l'aplomb, soit à droite, soit à gauche d'une ligne, menez une perpendiculaire à cette ligne.

3.

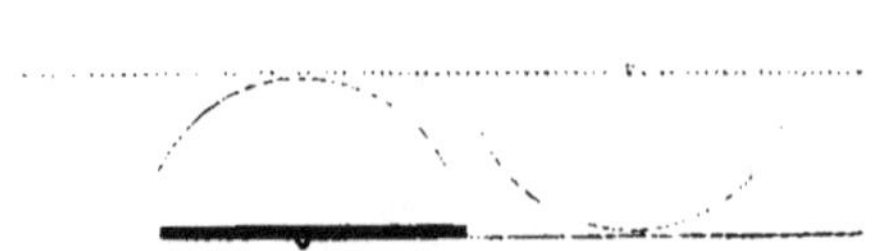

Je prolonge la ligne donnée, et j'opère ensuite comme dans le problème Ier.

Exercice 4.

D'un point donné, menez une parallèle à une ligne très courte. Je prolonge la ligne comme dans le problème ci-dessus, et je procède comme dans le problème I (*Voy.* fig. 4, page 36).

PROBLÈME III.

D'un point donné au-dessus de l'extrémité *gauche* d'une ligne (fig. 4), menez à cette ligne une parallèle, au moyen de l'équerre.

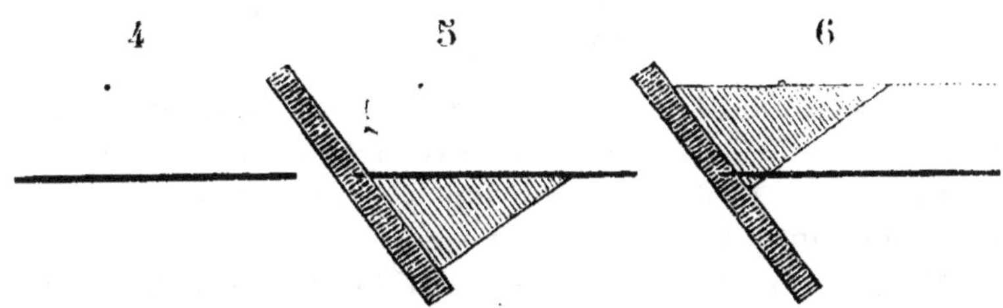

Supposons cette même ligne (fig. 5) ; je place le grand côté de l'équerre sur la ligne donnée, j'applique la règle le long du côté *gauche* de l'équerre. Je tiens fixement la règle dans cette position d'une main, et de l'autre, je fais glisser l'équerre le long de la règle, en montant jusqu'à ce que le grand côté se trouve sur le point donné (fig. 6). Je tire le long du grand côté de l'équerre une ligne qui passe par ce point ; elle sera la parallèle demandée.

PROBLÈME IV.

D'un point donné au-dessus de l'extrémité *droite* d'une ligne (fig. 7), menez à cette ligne une parallèle au moyen de l'équerre.

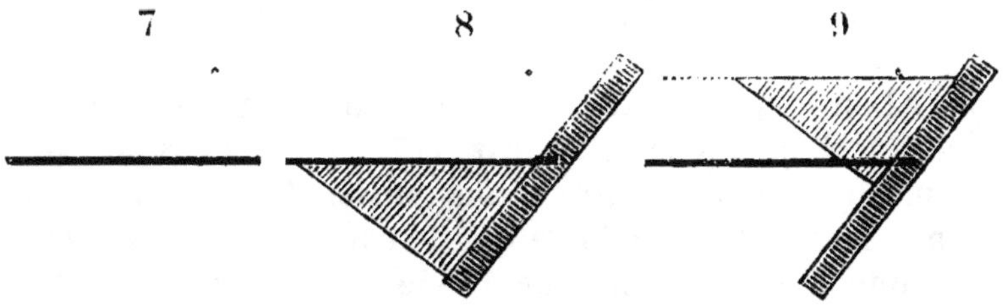

Supposons cette même ligne (fig. 8) ; je place le grand côté de l'équerre sur la ligne donnée, et j'applique la règle le long du côté *droit* de l'équerre (fig. 8). Je tiens fixement la règle d'une main, et de l'autre je fais glisser l'équerre le long de la règle, en montant jusqu'à ce que je rencontre le point donné (fig. 9). La ligne tracée en suivant le grand côté de l'équerre donnera la parallèle demandée.

PROBLÈME V.

D'un point donné *au-dessus* d'une ligne et presque au milieu (fig. 10), menez une parallèle à cette ligne au moyen de l'équerre.

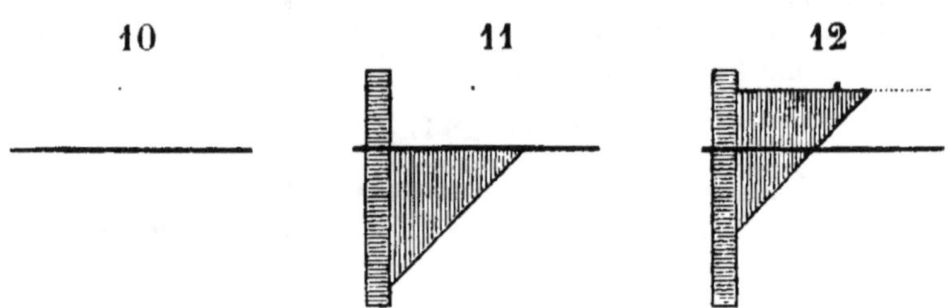

Je place un des petits côtés de l'équerre sur la ligne donnée (fig. 11), et j'applique la règle le long de l'autre petit côté. Je la tiens fixement d'une main, et de l'autre je fais glisser l'équerre le long de la règle, en montant jusqu'à ce que le petit côté supérieur se trouve sur le point donné (fig. 12). Là je tire une ligne, elle sera la parallèle demandée.

PROBLÈME VI.

D'un point donné *au-dessous* d'une ligne et presque au milieu (fig. 13), menez une parallèle à la ligne au moyen de l'équerre.

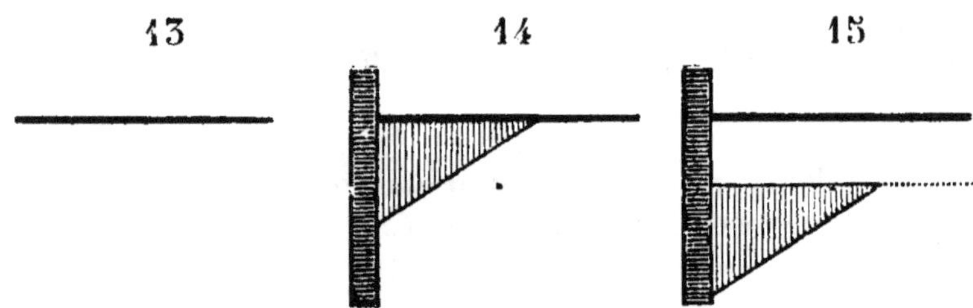

Je place l'un des petits côtés de l'équerre sur la ligne donnée (fig. 14), j'applique la règle le long de l'autre petit côté: je tiens la règle fixement d'une main, et de l'autre je fais glisser l'équerre le long de la règle, en descendant, jusqu'à ce que le côté supérieur se trouve sur le point donné (fig. 15). La ligne que je tire sur ce côté sera la parallèle demandée.

SECTION DEUXIÈME.

DES PERPENDICULAIRES,

OU DES LIGNES QUI TOMBENT APLOMB SUR UNE AUTRE.

PROBLÈME Ier.

D'un point donné *au milieu* d'une ligne (fig. 16), élevez une perpendiculaire.

16 17

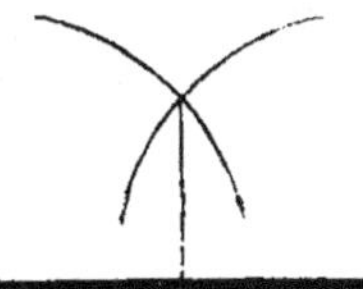

Je donne à mon compas une ouverture plus grande que la moitié de la ligne proposée. Je prends les deux extrémités de la ligne pour centres, et je décris deux arcs dont l'un coupe l'autre (fig. 17). De l'endroit où ils se coupent, je tire une ligne au point donné, elle sera la perpendiculaire demandée.

Exercice 5.

Trouvez vous-même le moyen d'*abaisser* une perpendiculaire du milieu d'une ligne (*Voy*. fig. 5, pag. 36).

PROBLÈME II.

D'un point donné vers l'extrémité *gauche* d'une ligne, élevez une perpendiculaire (fig. 18).

18 19

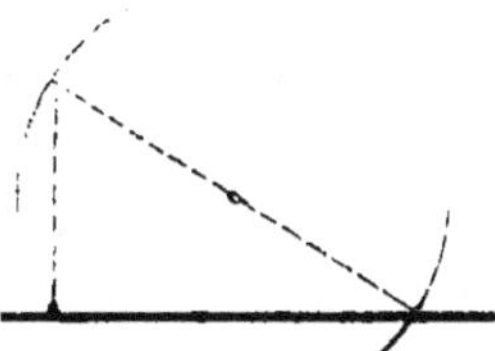

Je donne à mon compas une ouverture qui soit à peu près égale à la moitié de la ligne. Je place une des extrémités du compas sur le point donné, et avec l'autre je marque un point au-dessus de la ligne ; de ce point, et avec la même ouverture de compas, je décris deux arcs dont l'un coupe la ligne donnée, et l'autre se trouve vis-à-vis de l'autre côté du centre (fig. 19). Je tire une ligne qui, partant du point où le premier arc coupe la ligne, passe par le centre, et aille rencontrer le second arc. Du point où cette ligne coupe le second arc, je tire une ligne au point donné ; elle sera la perpendiculaire demandée.

Exercices 6, 7, 8.

Trouvez vous-même la manière d'*élever* une perpendiculaire d'un point donné vers l'extrémité *droite* d'une ligne donnée (*Voy.* fig. 6, pag. 36.)

Trouvez vous-même la manière d'*abaisser* une perpendiculaire, d'abord d'un point donné vers l'extrémité *gauche*, et ensuite d'un point donné vers l'extrémité *droite* d'une ligne donnée. (*Voy.* figures 7, 8, page 36.)

PROBLÈME III.

D'un point pris *au-dessus* d'une droite, et *presque vers le milieu*, *abaissez* une perpendiculaire à cette droite (fig. 20).

20 21

En prenant pour centre le point donné (fig. 21), je décris un arc qui coupe la ligne donnée en deux points. Des deux points où la ligne est coupée, je décris deux arcs qui aient un même rayon quelconque et qui se coupent au-dessous de la ligne. Du point donné je tire une ligne au point où les deux arcs se rencontrent. Cette ligne sera la perpendiculaire demandée.

Exercice 9.

Trouvez le moyen d'élever une perpendiculaire d'un point pris *au-dessous et presque vers le milieu* d'une ligne droite (*Voy.* fig. 9, p. 36).

PROBLÈME IV.

D'un point pris *au-dessus de l'extrémité gauche* d'une ligne, abaissez une perpendiculaire à cette ligne.

22 23

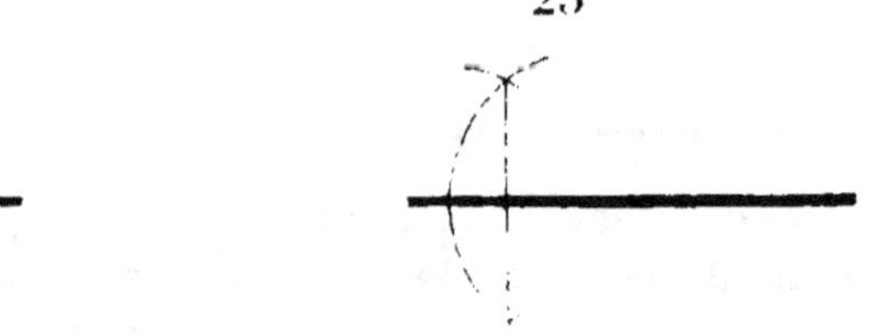

Je prends, sur la ligne donnée, un point qui se trouve à une certaine distance et à *droite* du point donné. Ce point pris pour centre, je décris un cercle qui, passant par le point donné, coupe la ligne (fig. 23). Au point où l'arc la coupe, j'établis une pointe de mon compas et je place l'autre sur le point donné. Avec cette ouverture, je décris en bas un second arc qui coupe le premier. Je tire une ligne du point donné à l'endroit où les deux arcs se coupent. Cette ligne sera la perpendiculaire.

Exercices 10, 11, 12.

Découvrez vous-même la manière d'élever une perpendiculaire d'un point pris *au-dessous de l'extrémité gauche* d'une ligne (*Voy.* fig. 10, page 37).

Trouvez vous-même le moyen 1° d'*abaisser* une perpendiculaire d'un point pris *au-dessus de l'extrémité droite;* 2° d'*élever* une perpendiculaire d'un point pris *au-dessous de l'extrémité droite* d'une ligne (*Voy.* fig. 11, 12, page 37).

PROBLÈME V.

D'un point donné sur une ligne (fig. 24), élevez une perpendiculaire au moyen de l'équerre.

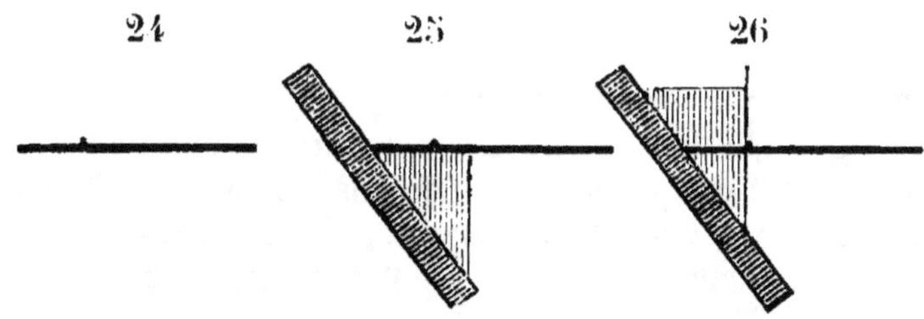

Je place l'un des petits côtés de l'équerre le long de la ligne donnée, et j'applique la règle le long du grand côté (fig. 25). Je fais glisser l'équerre le long de la règle, jusqu'à ce que l'autre petit côté rejoigne le point donné (fig. 26). Je tire une ligne le long de ce petit côté; elle sera la perpendiculaire demandée.

Exercices 13, 14, 15.

D'un point donné au-dessus d'une ligne, abaissez une perpendiculaire à cette ligne, au moyen de l'équerre (*Voy.* fig. 13, 14, 15, page 37).

SECTION TROISIÈME.

DES ANGLES,

OU DE L'INCLINAISON DE DEUX LIGNES DROITES QUI SE RENCONTRENT DANS UNE DE LEURS EXTRÉMITÉS.

PROBLÈME Ier.

A l'extrémité de trois lignes données, formez, sur la première, un angle droit; sur la deuxième, un angle aigu; sur la troisième, un angle obtus.

27 28 29

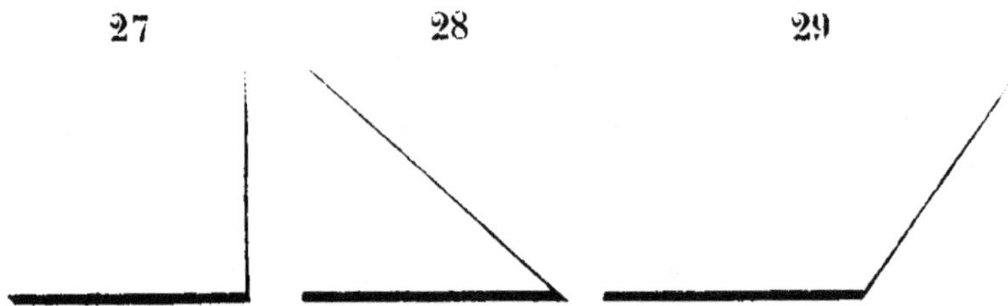

Je fais un angle droit en élevant une perpendiculaire (fig. 27); un angle aigu, en formant un angle moins ouvert que l'angle droit (fig. 28), au moyen d'une ligne penchée, ou oblique; un angle obtus, en formant un angle plus ouvert que l'angle droit (fig. 29).

PROBLÈME II.

Au milieu des deux lignes, formez sur la première deux angles droits, et sur la seconde deux angles, dont l'un soit aigu et l'autre obtus.

30 31

Je fais les deux angles droits en tirant une perpendiculaire (fig. 30), par le moyen indiqué section 2, problème Ier; et les deux angles l'un aigu, l'autre obtus, en tirant une oblique (fig. 31).

PROBLÈME III.

A un angle, soit aigu, soit obtus, opposez-en un autre qui lui soit égal.

32 33

Je prolonge chacune des lignes qui forment l'angle soit aigu, soit obtus ; les deux prolongemens formeront un angle opposé égal (fig. 32 et 33).

PROBLÈME IV.

Joignez à un angle droit trois autres angles qui soient égaux au premier.

34

Je prolonge chacune des lignes qui forment l'angle droit ; ces deux prolongemens me donneront trois angles égaux au premier.

PROBLÈME V.

D'un point pris sur une ligne droite (fig. 35), menez une autre ligne qui fasse avec la première un angle égal à un angle donné.

35 36 37

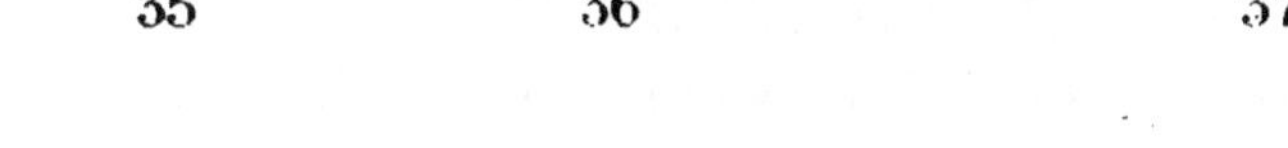

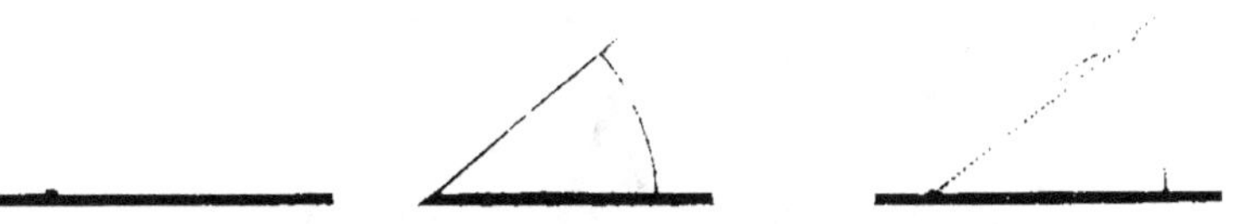

Je place une pointe de mon compas au point de jonction des deux lignes qui forment l'angle donné, et avec l'autre je décris, à volonté, un arc qui joigne les deux côtés de cet angle (fig. 36). Avec cette même ouverture du compas, en prenant pour centre le point donné, je décris un arc indéfini qui part de la ligne (fig. 37). Je prends, avec mon compas, la mesure de l'arc (fig. 36), et je la porte, à partir de la ligne, sur l'arc indéfini en décrivant un petit arc qui le coupe. Du point où le petit arc coupe l'arc indéfini, je tire une ligne droite qui aille rencontrer le point donné ; cette ligne formera l'angle demandé.

PROBLÈME VI.

D'un point donné hors de la ligne droite (fig. 38), menez-en une autre qui fasse, avec la première, un angle égal à l'angle donné (fig. 39).

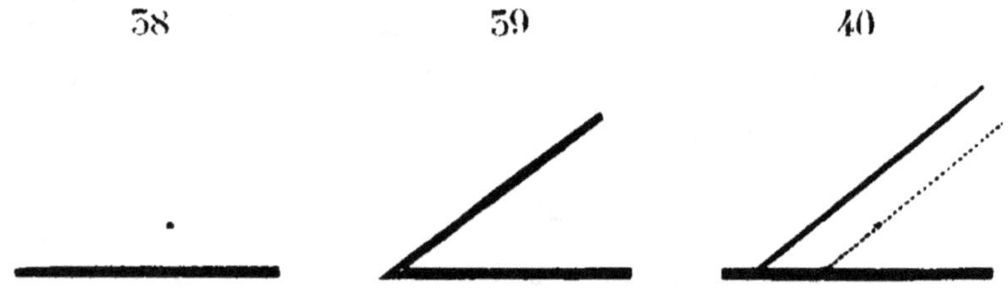

Je prends à volonté un point sur la ligne donnée, comme dans la figure 40. Par ce point je tire, par le moyen indiqué problème V, une ligne qui fasse avec la première un angle égal à l'angle donné. Je mène, par le point donné, une parallèle à cette ligne. La parallèle formera l'angle demandé.

SECTION QUATRIÈME.

DES TRIANGLES,

OU DES FIGURES FORMÉES PAR TROIS LIGNES DROITES.

PROBLÈME Ier.

Dans un triangle donné, faites voir les *côtés*, la *base*, le *sommet*, la *hauteur*.

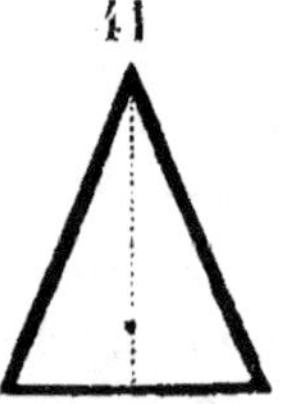

Les lignes du triangle se nomment *côtés*. Le côté le plus bas se nomme *base*. Le point où se coupent les deux autres côtés se nomme *sommet*. La perpendiculaire abaissée du sommet sur la base est la *hauteur* du triangle.

PROBLÈME II.

Sur une ligne donnée, construisez un triange *équilatéral*, c'est-à-dire un triangle dont les trois côtés soient égaux.

42

Je place mon compas à l'une des extrémités de la ligne donnée, et je l'ouvre de la longueur de cette ligne. Des deux extrémités de la ligne, avec cette ouverture de compas, je décris deux arcs qui se coupent en un point. De ce point je tire deux lignes allant rejoindre les deux extrémités de la ligne donnée. Elles formeront le triangle équilatéral demandé.

Exercices 16, 17.

Sur une ligne donnée, construisez un triangle *isocèle*, c'est-à-dire, un triangle qui ait deux côtés égaux (*Voy*. fig. 16, page 37).

Sur une ligne donnée, construisez un triangle *scalène*, c'est-à-dire un triangle qui ait tous ses côtés inégaux (*Voy*. fig. 17, page 37).

PROBLÈME III.

Avec trois lignes données, dont deux réunies sont plus grandes que la troisième, construisez un triangle.

43 44

Je fais une ligne égale à la première des lignes données. Des deux extrémités de cette ligne, je décris deux arcs de cercles, dont les rayons soient égaux aux deux autres lignes données, et qui se coupent en un point. De ce point je tire deux lignes aux extrémités de la première. J'aurai ainsi le triangle demandé.

Exercices 18, 19.

Montrez, par un exemple, comment, avec trois lignes, dont deux seraient plus petites que la troisième, on ne pourrait pas former un triangle (*Voy.* fig. 18, 19, pag. 37).

Nota : Si deux des lignes données étaient ensemble égales à la troisième, le triangle ne serait pas possible, puisque les deux arcs décrits se rencontreraient en se touchant sur la troisième ligne même.

PROBLÈME IV.

Construisez un triangle *rectangle*, c'est-à-dire un triangle qui ait un angle droit.

45

Je trace une ligne quelconque. A l'une de ses extrémités j'élève une perpendiculaire. Je joins par une ligne droite les extrémités de ces deux lignes; le triangle formé sera rectangle.

(Le côté opposé à l'angle droit se nomme *hypothénuse.*)

PROBLÈME V.

Construisez un triangle *obtusangle,* c'est-à-dire un triangle qui ait un angle obtus.

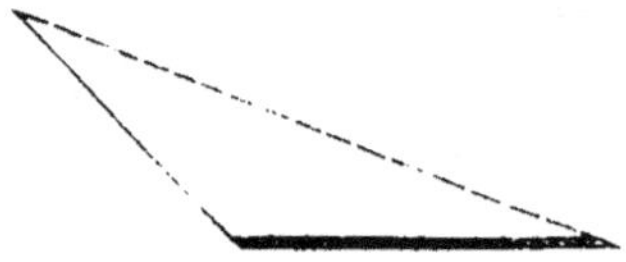

Je fais un angle obtus et je le ferme par une ligne droite.

PROBLÈME VI.

Faites un triangle *acutangle*, c'est-à-dire un triangle dont les trois angles soient aigus.

Je fais un triangle qui ne renferme ni un angle droit ni un angle obtus. Ce triangle sera acutangle.

Exercices 20, 21, 22.

Faites voir, d'une manière sensible, comment un triangle ne peut avoir ni deux angles obtus, ni un angle obtus et un angle droit, ni deux angles droits, et qu'en voulant le former, il y aura toujours deux lignes qui, au lieu de se rapprocher, iront en s'écartant, ou ne se joindront jamais (*Voy*. fig. 20, 21, 22, pag. 37).

SECTION CINQUIÈME.

DES QUADRILATÈRES,

OU DES FIGURES FORMÉES PAR QUATRE LIGNES DROITES.

PROBLÈME Ier.

Sur une ligne donnée, faites un *carré parfait*, c'est-à-dire un quadrilatère dont les quatre angles soient droits et les quatre côtés égaux.

48

A chacune des extrémités de la ligne donnée, j'élève une perpendiculaire égale à cette ligne. Je joins les extrémités de ces deux perpendiculaires par une ligne droite. Cette figure sera un *carré parfait* (fig. 48).

PROBLÈME II.

Avec deux lignes inégales données (fig. 49), faites un *carré long*, c'est-à-dire un quadrilatère qui ait les quatre angles droits, et seulement les lignes opposées égales.

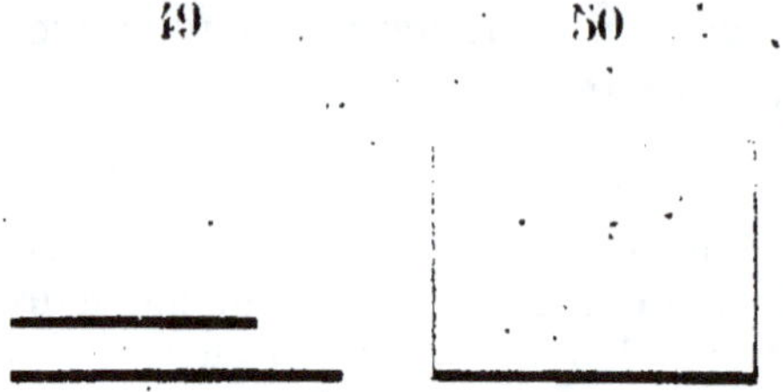

Aux deux extrémités d'une de ces lignes (fig. 50), je mène deux perpendiculaires égales à l'autre ligne. Je joins les extrémités de ces perpendiculaires par une ligne qui se trouvera égale à la première. J'aurai alors un *carré long*, ou parallélogramme rectangle.

PROBLÈME III.

Sur une ligne donnée, faites un *losange*, c'est-à-dire un quadrilatère dont les quatre côtés et les deux angles opposés seulement soient égaux.

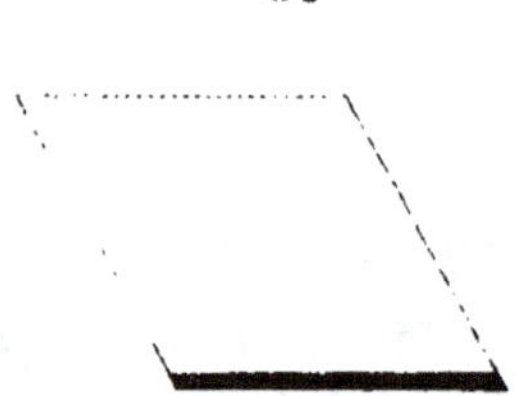

A l'une des extrémités de la ligne donnée, j'élève une ligne oblique égale à la première. De l'autre extrémité je mène à l'oblique une parallèle de la même longueur. Je joins les deux extrémités des lignes obliques. Le *losange* sera fait (fig. 51).

PROBLÈME IV.

Avec deux lignes données d'inégale grandeur, faites un *rhomboïde*, c'est-à-dire, un quadrilatère qui ait les angles opposés égaux.

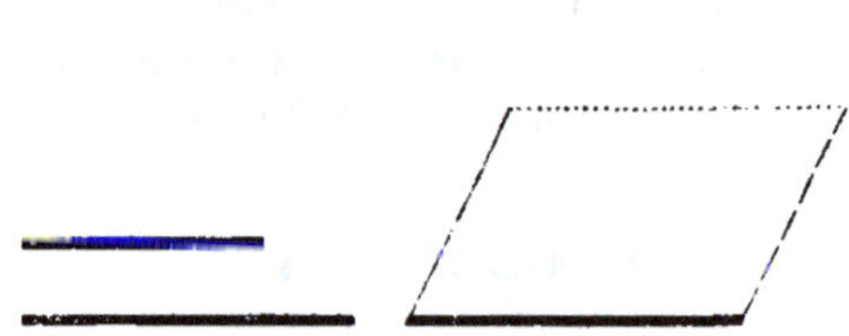

A l'une des extrémités de la première ligne donnée, je place la seconde, et je forme, avec les deux, un angle qui ne soit pas droit. A l'autre extrémité de la première je tire une seconde oblique égale et parallèle à celle déjà tracée. Je joins les extrémités des deux obliques, et j'ai ainsi le *rhomboïde* demandé (fig. 53).

(*N. B.* Le carré, le carré long, le losange et le rhomboïde ont le nom commun de parallélogramme.)

PROBLÈME V.

Deux lignes inégales étant données, formez un trapèze, c'est-à-dire ***un quadrilatère qui ait deux côtés parallèles et inégaux.***

54 55

Je rends les deux lignes données (fig. 54) parallèles entre elles ; je joins par deux autres lignes les extrémités des parallèles, et j'aurai le *trapèze* demandé (fig. 55).

SECTION SIXIÈME.

DES POLYGONES,

OU DES FIGURES QUI ONT PLUS DE QUATRE CÔTÉS.

PPROBLÈME.

Sur cinq points donnés et placés dans une forme presque arrondie, faites un ***pentagone,*** **c'est-à-dire un polygone de cinq côtés.**

56

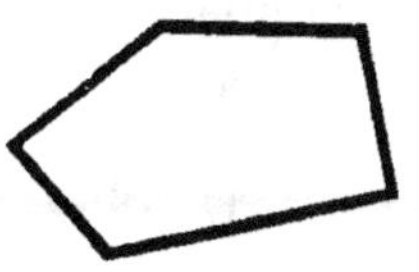

Je joins les cinq points donnés au moyen de cinq lignes. Elles formeront le pentagone.

Exercice 23.

Sur six points donnés comme ci-dessus, faites un *hexagone*, c'est-à dire un polygone de six côtés (*Voy.* fig. 23, pag. 38).

Avec sept points, formez un *heptagone;* avec huit un *octogone;* avec neuf un *ennéagone* avec dix un *décagone;* avec douze, un *dodécagone;* avec quinze un *pentédécagone;* etc., etc.

SECTION SEPTIÈME.

DIVISION DES LIGNES ET DES FIGURES RECTILIGNES.

§ I. DIVISION DES LIGNES.

PROBLÈME Ier.

Partagez une ligne droite en deux parties égales.

57

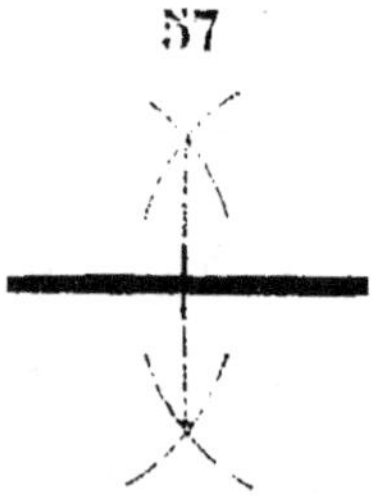

Je donne à mon compas une ouverture plus grande que la moitié de la ligne donnée. Des deux extrémités de cette ligne je décris, avec la même ouverture du compas, deux arcs qui se coupent au-dessus et deux autres qui se coupent au-dessous de la ligne. Je joins, par une ligne, les deux points où les deux arcs se coupent. Elle partagera la ligne donnée en deux parties égales.

PROBLÈME II.

Partagez une ligne droite en quatre parties égales.

58

Je la partage d'abord en deux, d'après le problème I, et je divise ensuite chaque partie en deux parties égales.

PROBLÈME III.

Partagez une ligne droite en trois parties égales.

59

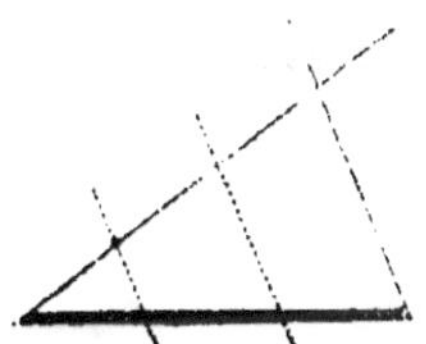

De l'une des extrémités de la ligne donnée, je mène une autre ligne indéfinie qui forme, avec la première, un angle aigu. Je prends avec mon compas à peu près le tiers de la ligne donnée, et, avec cette ouverture, je marque, en partant de l'angle, trois points à égale distance sur la ligne oblique. Du dernier point tracé sur la ligne oblique, je tire une ligne qui va rejoindre l'extrémité de la ligne donnée. Des deux autres points je tire des parallèles à la ligne que je viens de tracer. Ces parallèles diviseront la ligne donnée en trois parties égales.

Exercice 24.

Partagez vous-même une ligne en cinq parties égales (*Voy.* fig. 24, pag. 38).

N. B. On opèrera d'une manière semblable pour diviser la ligne en tel nombre de parties que ce soit.

§ II. DIVISION DES ANGLES.

PROBLÈME IV.

Partagez un angle en deux parties égales.

60

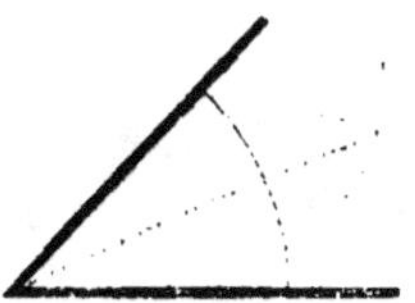

Je place mon compas au sommet de l'angle, et, à une distance quelconque, je décris un arc de cercle qui en joigne les deux côtés. En plaçant successivement mon compas sur les deux points où l'arc touche les deux côtés de l'angle, je décris, avec un même rayon, deux arcs de cercle qui se coupent. Du point où ils se coupent, je tire une ligne à la pointe de l'angle; cette ligne le partagera en deux parties égales.

Exercice 25.

Partagez un angle quelconque en quatre parties égales (*Voy.* fig. 25, page 38).

PROBLÈME V.

Partagez un angle en trois parties égales.

61

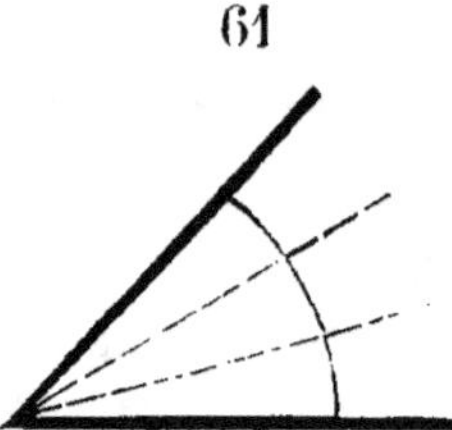

Je place une pointe de mon compas sur la pointe de l'angle, et je décris un arc de cercle qui joigne les deux côtés de l'angle. Par différens essais avec le compas, je parviens à marquer deux points de l'arc qui le partagent en trois parties égales. De ces deux points je tire deux lignes qui vont rejoindre la pointe de l'angle. Elles le partageront en trois parties égales.

---

§ III. DIVISION DES TRIANGLES.

(*N. B.* Les problèmes suivans s'appliquent particulièrement aux partages de terrains.)

PROBLÈME VI.

Partagez un triangle équilatéral (fig. 62), et ensuite un triangle isocèle (fig. 63), en deux parties égales.

62 63

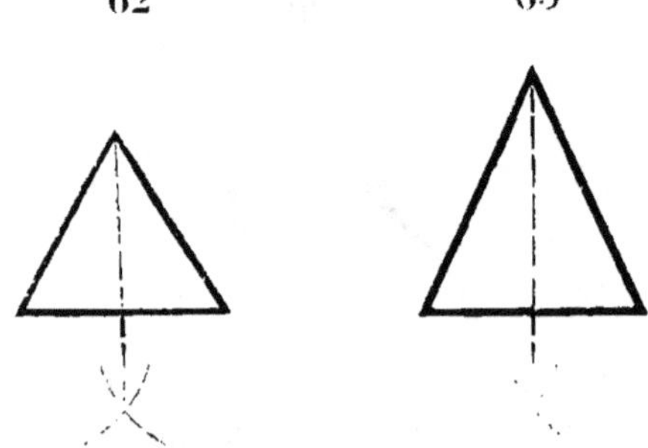

Je prends pour centres les sommets des deux angles de la base, et, avec la même ouverture du compas, je décris deux arcs qui se coupent en un point au-dessous de la base. De ce point je tire une ligne au sommet de l'angle. Cette ligne partagera le triangle soit équilatéral, soit isocèle, en deux parties égales.

PROBLÈME VII.

Partagez un triangle scalène en deux superficies égales, de manière que le grand côté B C se trouve également partagé.

(En arpentage on pourrait supposer que ce côté longe un grand chemin dont deux copartageans veulent jouir également.)

64

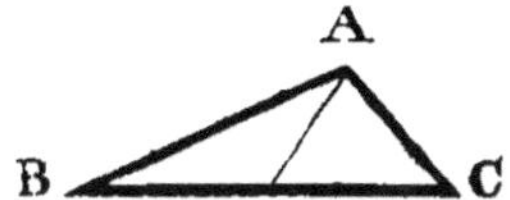

Par le moyen indiqué au 1er problème de la section VII, je marque d'un point le milieu du grand côté B C, et de ce point je tire une ligne au sommet du triangle. Elle partagera le triangle en deux superficies égales.

PROBLÈME VIII.

Partagez un triangle scalène en deux superficies égales, de manière que le moyen côté A B (que l'on suppose arrosé par une rivière) se trouve également partagé.

65

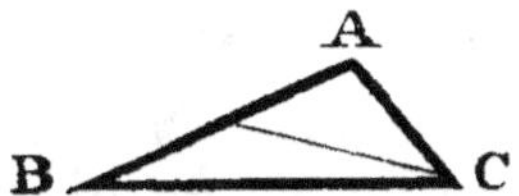

Je marque d'un point le milieu du côté moyen A B, et de ce point je tire une ligne à l'angle opposé. Elle partagera le triangle en deux superficies égales.

PROBLÈME IX.

Partagez un triangle scalène en deux superficies égales, de manière que le petit côté A C (où l'on suppose une allée d'arbres) se trouve également partagé.

66

Je marque d'un point le milieu du petit côté A C, et de ce point je tire une ligne à l'angle opposé. Elle partagera le triangle en deux superficies égales.

PROBLÈME X.

Partagez un triangle quelconque en trois superficies égales.

67

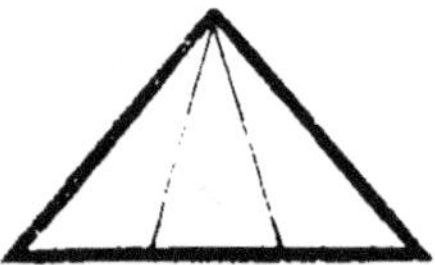

Je divise la base en trois parties égales par des points, et de ces points je mène des lignes au sommet de l'angle opposé. Ces lignes partageront le triangle en trois superficies égales.

(*N. B.* Ce problème, ainsi que les précédens, appliqués à un terrain formant un triangle quelconque, offrent le moyen de donner à différens copartageans, soit une sortie sur la même route, soit la jouissance d'un même puits situé à l'un des angles.)

§ IV. DIVISION DES QUADRILATÈRES.

PROBLÈME XI.

Partagez un carré ou un losange, d'abord en deux parties formant deux triangles égaux, ensuite en quatre formant quatre triangles égaux.

68 69

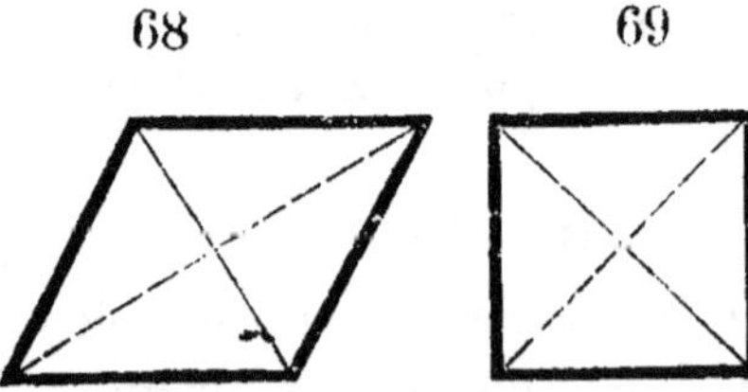

1° Je tire une diagonale, c'est-à-dire une ligne qui joigne deux angles opposés; 2° je tire une diagonale qui joigne les deux autres angles. La première divisera le carré ou le losange en deux parties égales, et la seconde le divisera en quatre parties.

PROBLÈME XII.

Partagez un carré long ou un rhomboïde en deux parties égales, et ensuite en quatre superficies égales.

70 71

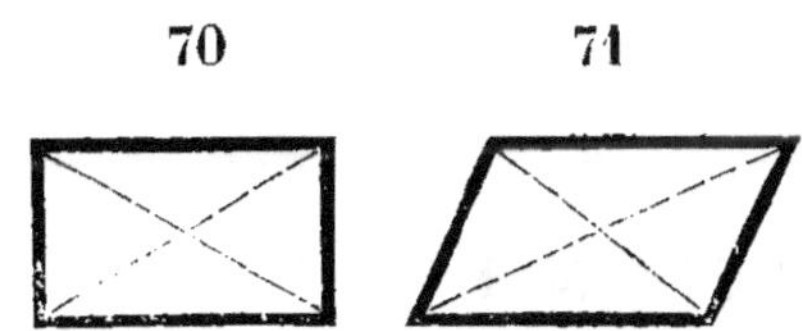

1° Je tire une diagonale; elle partagera le carré long, ou le rhomboïde en deux parties égales; 2° je tire, dans le sens contraire, une seconde diagonale. Cette diagonale, avec la première, divisera le carré long, ou le rhomboïde, en quatre superficies égales.

PROBLÈME XIII.

Partagez un carré en deux parties formant deux carrés longs égaux.

72

Je marque d'un point le milieu d'une des lignes, supposons la ligne inférieure. De ce point, je tire une parallèle aux deux autres côtés perpendiculaires à cette ligne. Elle partagera le carré en deux rectangles égaux.

PROBLÈME XIV.

Partagez un carré en quatre carrés égaux.

73

Je partage le carré en deux parties égales, par une ligne en divisant la base, comme dans le problème précédent, et je partage ensuite les deux côtés par une autre ligne horizontale. Ces deux lignes diviseront le carré en quatre parties égales.

Exercices 26, 27, 28.

Partagez de même un carré long, un losange, un rhomboïde : 1° en deux parties égales ; 2° en quatre parties égales (*Voy.* fig. 26, 27, 28, page 38.)

SECTION HUITIÈME.

FIGURES DES EXERCICES.

Ces figures sont celles qui servent à la solution des problèmes que les enfans peuvent résoudre d'eux-mêmes. Comme elle n'est qu'une application de ce qu'ils connaissent, ils croiront cependant l'avoir découverte eux-mêmes, et cette persuasion contribuera à leur donner du courage et à les intéresser à l'étude.

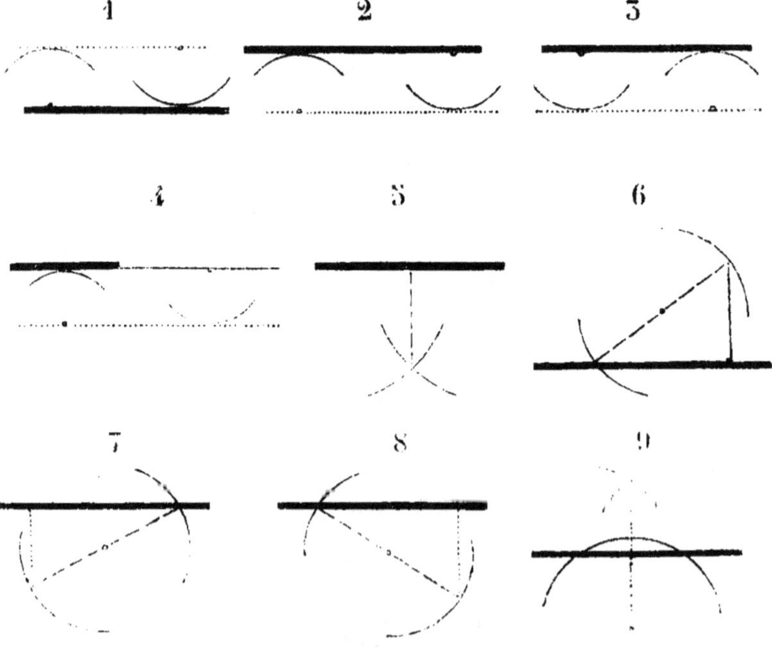

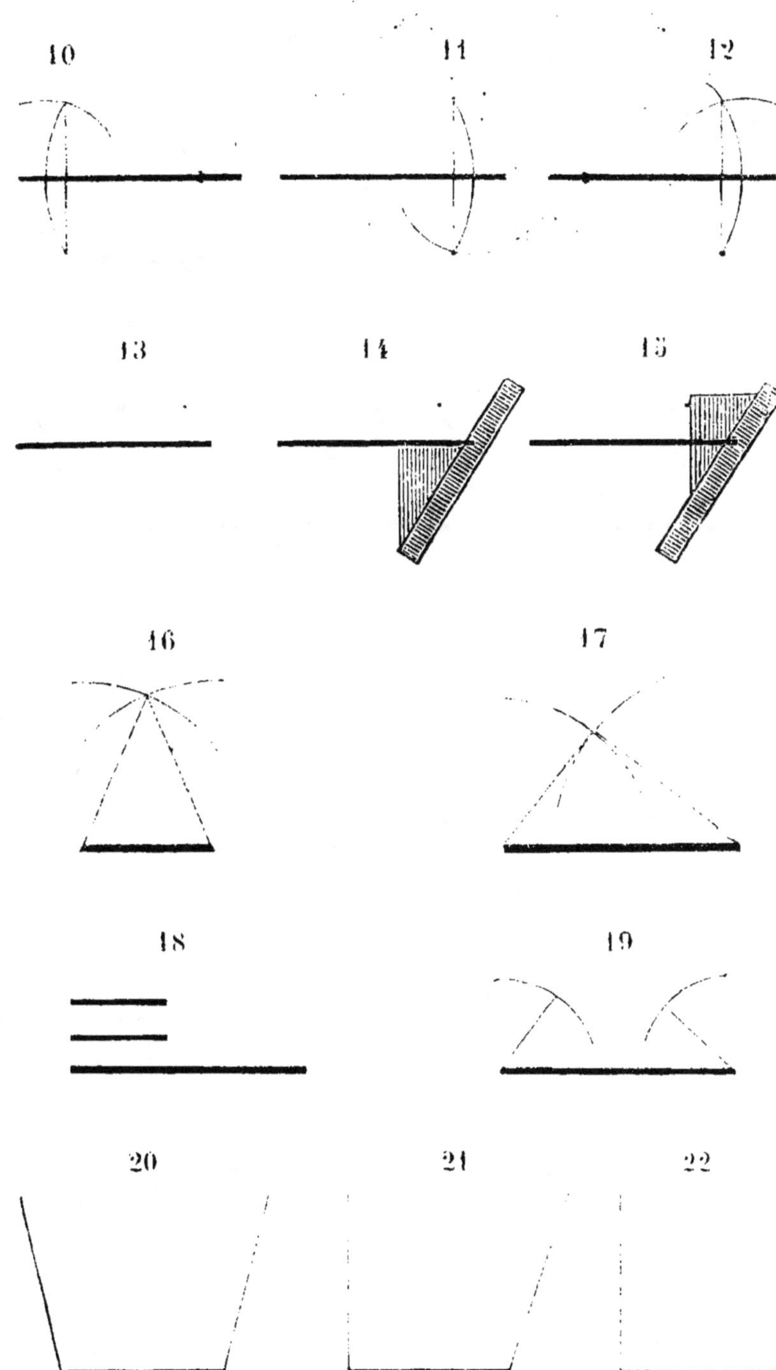
10
11
12
13
14
15
16
17
18
19
20
21
22

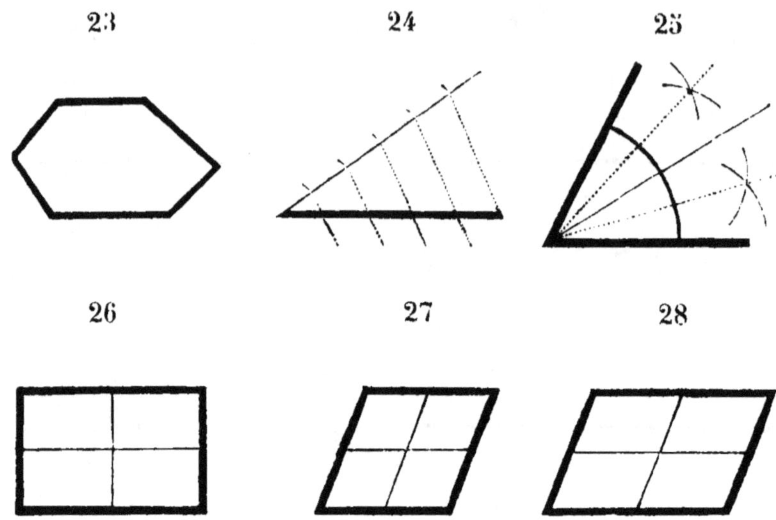

FIN DU DEUXIÈME LIVRE.

LIVRE III,

OU

ÉTUDE DE LA TROISIÈME CLASSE.

FIGURES ARRONDIES OU CURVILIGNES.

OBSERVATIONS.

Les problèmes de ce troisième livre trouvent principalement leur application dans l'architecture et dans l'arpentage. Le menuisier en fera surtout son profit pour tout ce qui a rapport, soit aux ovales, soit aux différentes moulures qui entrent ordinairement dans les boiseries des appartemens. La connaissance de la division du cercle est indispensable pour calculer l'ouverture des angles sur le bois et sur les pierres.

PROBLÈME Ier.

Tirez la *corde* à un arc donné.

Je trace une ligne qui joigne les deux extrémités de l'arc. Cette ligne sera la corde demandée.

PROBLÈME II.

Formez un *segment* de cercle.

Je décris un arc et je tire une corde comme dans le problème précédent. L'espace compris entre l'arc et la corde forme le segment.

PROBLÈME III.

Formez un *secteur* de cercle.

Je décris un arc et je mène du centre deux rayons aux deux extrémités de l'arc. L'espace compris entre l'arc et les deux rayons est un *secteur*.

PROBLÈME IV.

Deux cercles égaux étant donnés, prenez, dans le second, un arc égal à l'arc décrit dans le premier.

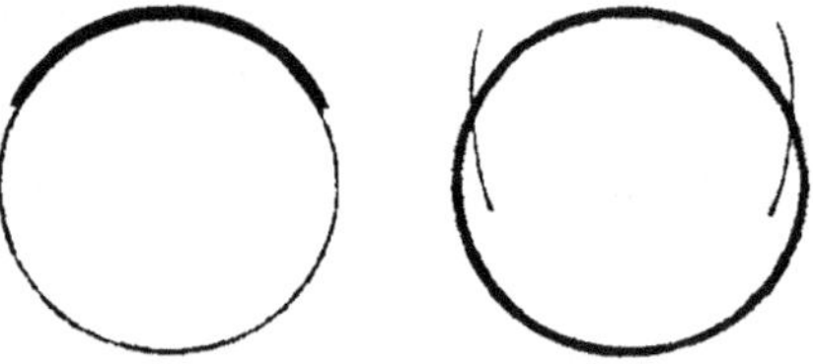

Je place les deux pointes de mon compas sur les deux extrémités de l'arc décrit dans le premier cercle. Avec cette ouverture je marque deux points sur le second. L'arc compris entre ces deux points sera égal au premier.

PROBLÈME V.

Trouvez le centre d'un cercle donné.

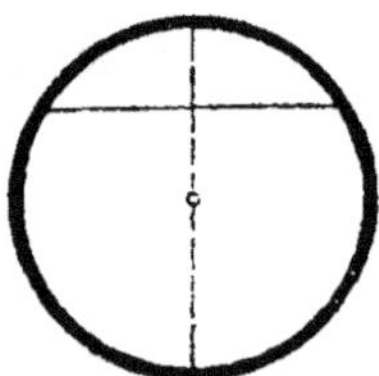

Je tire une corde quelconque. Sur le milieu de cette corde j'élève une perpendiculaire dont les deux extrémités touchent la circonférence. Je partage cette perpendiculaire en deux parties égales. Le point qui la partage sera le centre du cercle.

PROBLÈME VI.

Trouvez le centre d'un arc donné.

Je marque sur cet arc trois points, distans autant que possible; je tire deux cordes qui joignent ces points deux à deux. Au milieu des deux cordes j'élève deux perpendiculaires. Le point où elles se rencontrent est le centre cherché.

PROBLÈME VII.

Faites passer un cercle par trois points donnés.

Je joins ces trois points deux à deux par deux lignes droites. Au milieu de chacune j'élève deux perpendiculaires qui les coupent des deux côtés, et qui se coupent entre elles. Le point où les deux perpendiculaires se rencontrent sera le centre du cercle cherché.

PROBLÈME VIII.

D'un point pris sur un cercle, menez une *tangente*, c'est-à-dire, une ligne qui ne touche le cercle qu'au point donné.

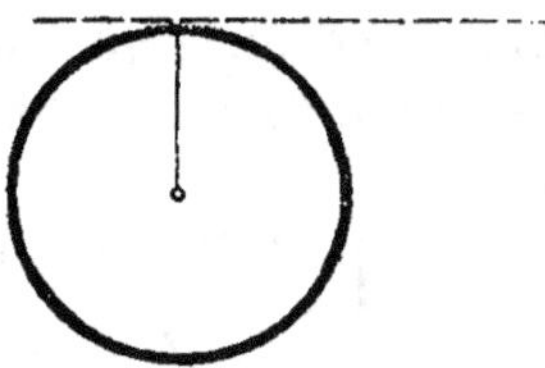

Du centre, au point donné, je *tire* un rayon. Au point donné je mène une perpendiculaire au rayon. Elle sera la tangente demandée.

PROBLÈME IX.

D'un point donné hors du cercle, menez une ou deux tangentes à ce cercle.

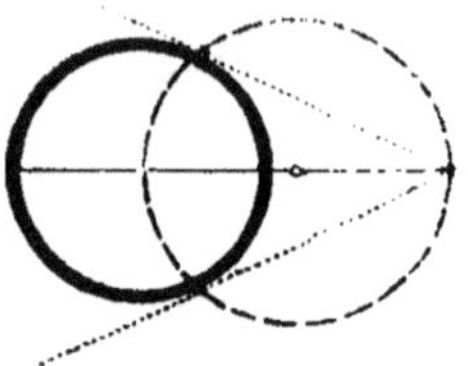

Je joins, par une ligne, le centre au point donné. Je partage cette ligne en deux parties égales. Je prends pour centre le milieu de cette ligne, et je décris un cercle qui, passant par le point donné, coupera la circonférence en deux points. Les lignes qui iront de ces deux points au point donné seront les tangentes demandées.

PROBLÈME X.

Sur la base d'un triangle rectangle isocèle donné, faites une *doucine* régulière (c'est-à-dire, faites une moulure ondoyante, composée de deux arcs égaux, dont le supérieur se trouve au-dessus de la base, et l'autre au-dessous).

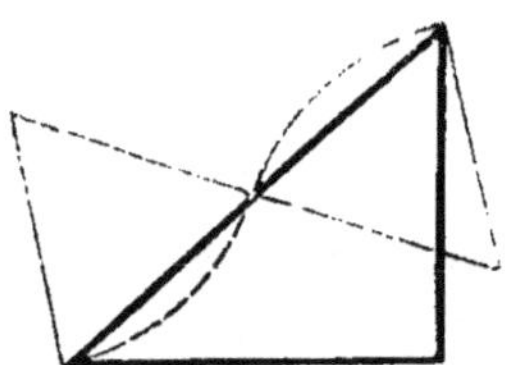

Je divise en deux parties égales la base du triangle donné. Sur ces deux lignes prises pour bases, je forme deux triangles équilatéraux dont l'un ait le sommet en bas, et l'autre le sommet en haut. Des deux sommets je décris deux arcs dont l'un se trouvera au-dessus et l'autre au-dessous de la ligne. Ces deux arcs formeront la doucine régulière.

PROBLÈME XI.

Sur la base d'un triangle rectangle quelconque, formez une doucine irrégulière (c'est-à-dire, formez une doucine dont l'arc supérieur soit plus petit que l'inférieur).

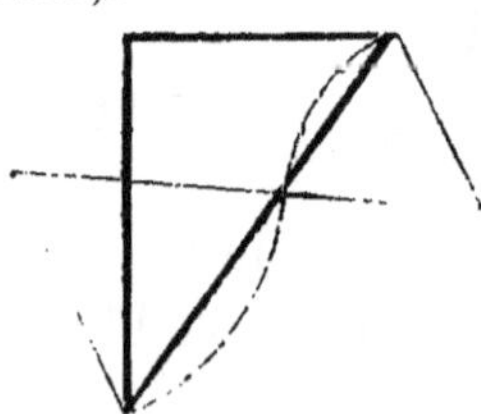

Sur deux parties inégales de la base je forme deux triangles équilatéraux. De leurs sommets je décris deux arcs dont l'un se trouve au-dessus et l'autre au-dessous de la ligne. J'aurai une doucine irrégulière.

PROBLÈME XII.

Formez un *talon* régulier (c'est-à-dire, une doucine régulière qui ait un côté descendant et un montant, au lieu d'en avoir un montant et un descendant).

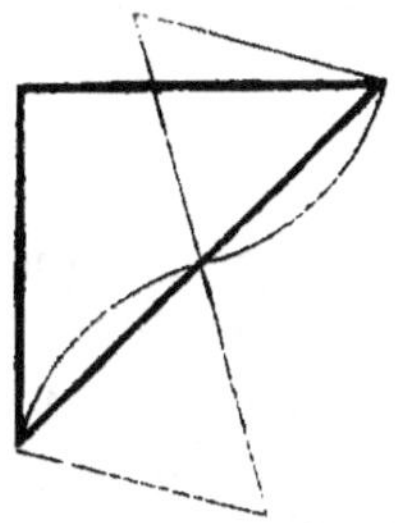

De même que dans la doucine, je fais un triangle rectangle isocèle, dont je divise le grand côté en deux parties égales. Je décris sur chacune des parties un triangle équilatéral, et de leurs sommets je forme deux arcs dans la position contraire de ceux de la doucine, c'est-à-dire que le premier sera descendant et le second montant. Ces deux arcs formeront le talon régulier.

PROBLÈME XIII.

Formez un talon irrégulier (c'est-à-dire, un talon dont l'arc supérieur soit plus petit que l'arc inférieur).

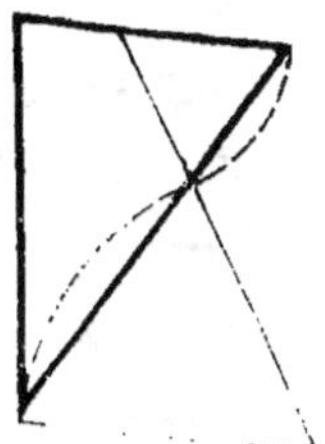

Sur deux parties inégales de la base du triangle, je forme deux triangles équilatéraux. De leurs sommets je décris deux arcs dont l'un aille en descendant et l'autre en montant. Ces deux arcs formeront le talon irrégulier.

PROBLÈME XIV.

Sur une ligne donnée, formez une anse de panier.

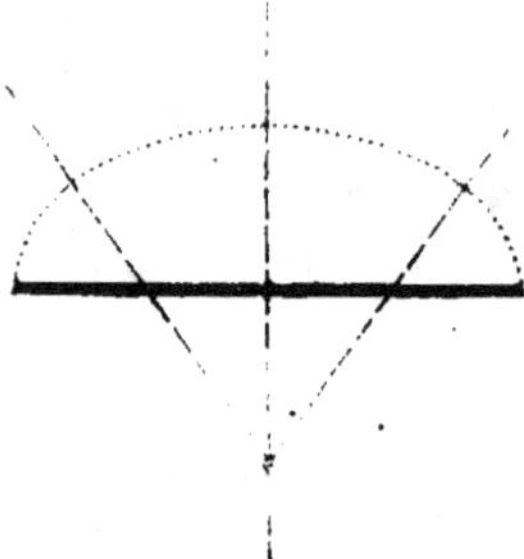

Au milieu de la ligne donnée, j'élève une perpendiculaire qui la traverse indéfiniment. Aux deux extrémités de la ligne je prends deux distances égales, que je marque d'un point. De ces deux points à un point pris sur la perpendiculaire au-dessous de la ligne, je mène deux obliques indéfinies. Je prends les deux points sur la ligne pour centres, et je décris deux arcs qui partent des extrémités de la ligne donnée, et qui se terminent aux obliques. Du point inférieur, où les deux obliques se rencontrent, je décris un arc qui joigne les deux petits arcs ; l'ensemble de ces trois arcs formera l'anse de panier.

(*N. B.* La ligne qui joint les deux extrémités de l'anse du panier se nomme *diamètre* de l'anse. La perpendiculaire qui va de la ligne donnée à l'anse de panier, se nomme la *flèche* ou la *montée* de l'anse. Les deux extrémités du diamètre s'appellent *naissance* de l'anse.

PROBLÈME XV.

Sur une ligne donnée, formez un ovale parfait.

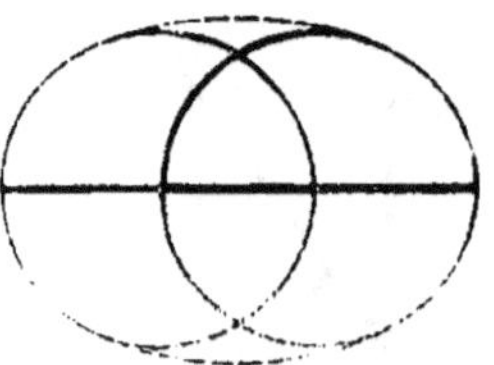

Je divise la ligne donnée en trois parties égales que je marque par deux points. De ces deux points je décris deux cercles dont la circonférence de l'un passe par le centre de l'autre. De chacun des points où ces cercles se coupent, je décris deux arcs dont le rayon soit le diamètre des deux cercles. Cette figure formera un ovale parfait.

PROBLÈME XVI.

Sur une ligne donnée, formez un ovale allongé.

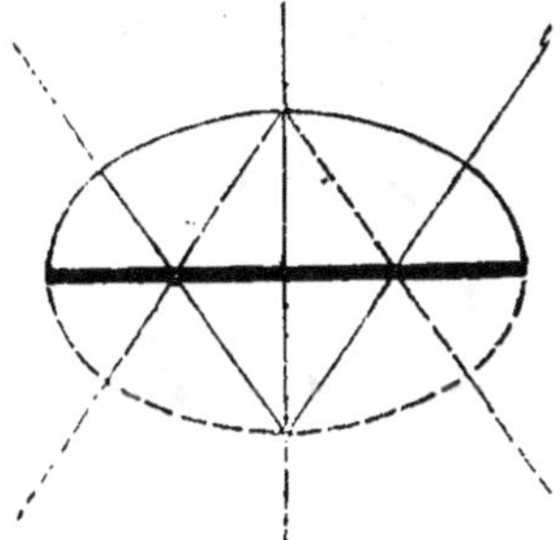

Je forme, d'après le problème XIV, une anse de panier au-dessus de la ligne donnée, et une autre pareille au-dessous. Ces deux anses de panier formeront un ovale allongé.

PROBLÈME XVII.

Décrivez une volute sur deux parallèles données.

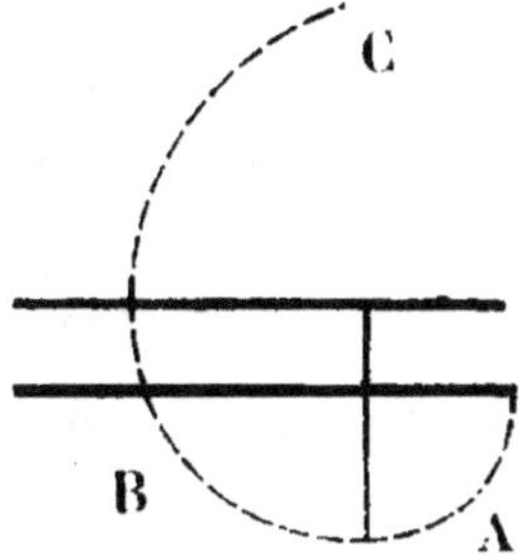

Sur les deux parallèles, j'abaisse une même perpendiculaire, sur laquelle je prends avec le compas la distance entre les deux parallèles. Je marque par un point cette distance sur la parallèle supérieure à droite, à partir du point où elle est coupée par la perpendiculaire. Avec cette même ouverture de compas, et prenant pour centre le point de rencontre de la perpendiculaire et de la parallèle inférieure, je décris le quadrant A. Prenant ensuite pour rayon la distance marquée sur la perpendiculaire par l'arc de cercle que je viens de tracer et le point de jonction de la perpendiculaire et de la parallèle supérieure, et de ce point comme centre, je décris un second quadrant B. Enfin le point de rencontre de ce second arc de cercle avec la parallèle supérieure me donnera le rayon d'un troisième quadrant C, dont le centre est le point marqué en commençant sur la parallèle supérieure.

à droite de la perpendiculaire. Ces trois quadrans formeront la volute.

PROBLÈME XVIII.

Divisez un cercle en quatre parties égales, c'est-à-dire, en quatre quadrans.

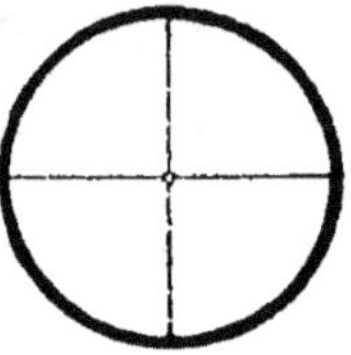

Je mène un diamètre horizontal, et un autre perpendiculaire à l'horizontal. Ces deux diamètres qui se coupent diviseront le cercle en quatre parties égales ou quadrans.

Comment partage-on la circonférence de tout cercle, soit grand, soit petit ?

On la partage en 360 degrés.

Combien le quadrant contient-il de degrés ?

Il en contient 90 ; et l'angle qui lui est opposé, c'est-à-dire l'angle droit, en contient autant ; car l'angle au centre a toujours autant de degrés que l'arc qui lui est opposé.

PROBLÈME XIX.

Partagez un quadrant en trois parties, dont chacune soit de 30 degrés.

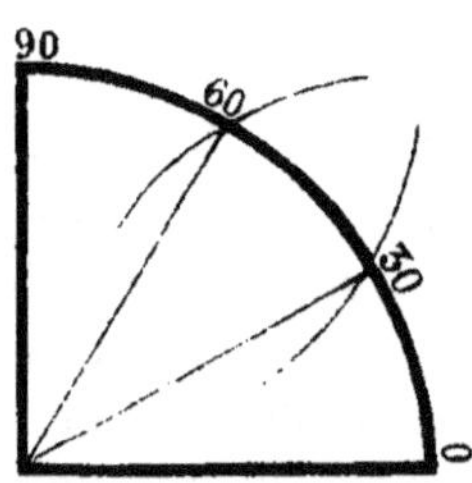

Je prends, avec mon compas, la grandeur d'un rayon. Je place successivement la pointe sur les deux extrémités du quadrant. Je décris deux petits arcs de cercle qui coupent l'arc du quadrant en deux points, d'où je tire deux lignes au centre du quadrant. Je marque 0 à la naissance du quadrant, 30 au premier petit arc, 60 au second , et 90 au point supérieur. Le quadrant sera partagé en trois angles et trois arcs, dont chacun aura 30 degrés.

PROBLÈME XX.

Partagez un quadrant en six parties dont chacune soit de 15 degrés.

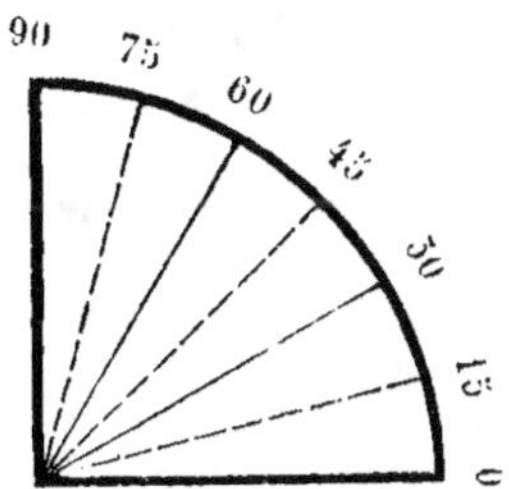

Par le moyen indiqué dans le problème précédent, je partage le quadrant en trois parties égales, et je les divise chacune en deux autres parties égales. Le quadrant sera partagé en six angles et en six arcs, dont chacun aura 15 degrés.

PROBLÈME XXI.

Partagez un quadrant en 18 parties dont chacune soit de 5 degrés.

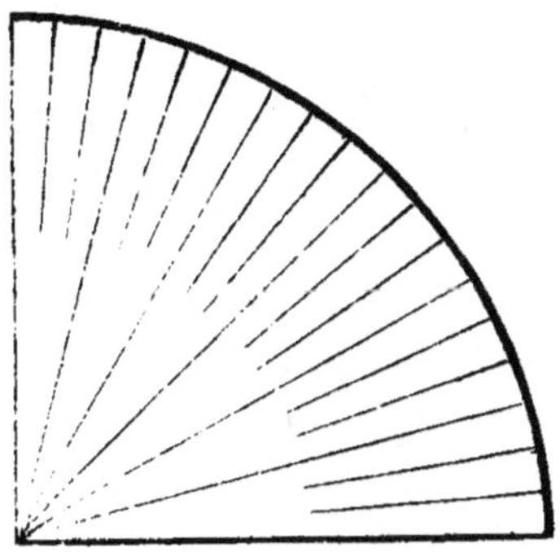

Je partage le quadrant en six parties égales, et, en essayant ensuite avec le compas, je les divise chacune en trois autres parties égales. Le quadrant sera partagé en dix-huit angles, et en dix-huit arcs, dont chacun aura 5 degrés.

PROBLÈME XXII.

Partagez un quadrant en 90 parties dont chacune soit d'un degré.

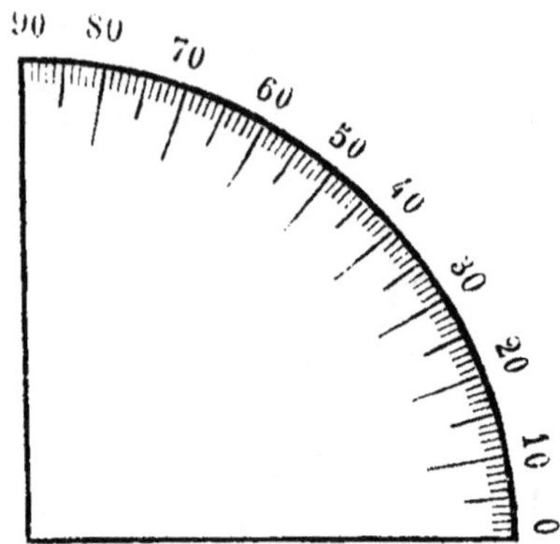

Je divise le quadrant en 18 parties égales; et, en essayant ensuite avec le compas, je les divise chacune en cinq autres parties égales. Le quadrant sera partagé en 90 angles et en 90 arcs, dont chacun sera d'un degré.

PROBLÈME XXIII.

Partagez la demi-circonférence en 180 parties dont chacune soit d'un degré.

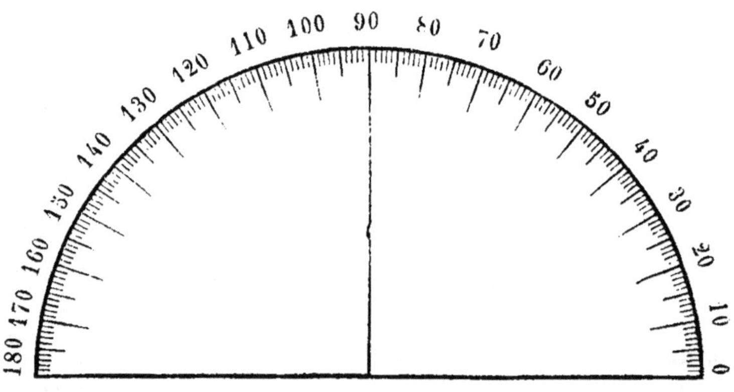

Je partage la demi-circonférence en deux quadrans. Je divise chacun de ces quadrans en 90 parties. Le demi-cercle sera partagé en 180 angles et en 180 arcs dont chacun sera d'un degré.

FIN DU TROISIÈME LIVRE.

LIVRE IV,

OU

ÉTUDE DE LA QUATRIÈME CLASSE.

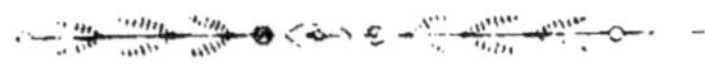

FIGURES MIXTILIGNES.

OBSERVATIONS.

Ce quatrième livre embrasse les relations principales des polygones réguliers combinés avec les cercles. Il fournit le moyen de donner une forme régulière à un cadre, à un bassin, à un objet quelconque. Le carreleur, le marbrier, le menuisier y trouveront les élémens de l'art de carreler ou parqueter les appartements. L'architecte, le jardinier, le terrassier s'en serviront pour enclore un terrain d'une manière régulière et agréable.

PROBLÈME Ier.

Dans un cercle donné, formez un carré parfait.

Je mène deux diamètres perpendiculaires l'un à **l'autre. Par quatre lignes je joins** les quatre points où les diamètres coupent le cercle. Ces quatre lignes formeront un carré.

PROBLÈME II.

Dans un cercle donné, formez un octogone régulier, c'est-à-dire, un octogone dont tous les angles et tous les côtés soient égaux.

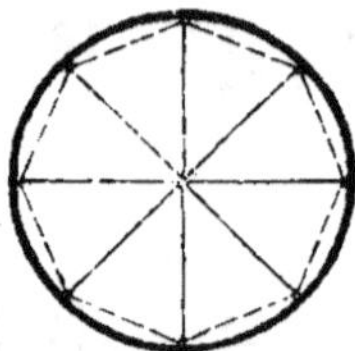

Je divise d'abord la circonférence en quatre parties au moyen de deux diamètres perpendiculaires. Je divise chacune de ces parties en deux. Par huit lignes je joins les huit points où les deux diamètres et les quatre rayons coupent le cercle. Elles formeront un octogone régulier.

PROBLÈME III.

Dans une cercle donné, formez un hexagone régulier.

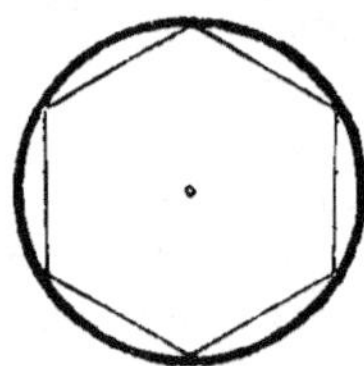

Je mesure, avec mon compas, la longueur du rayon ; et, avec cette distance, je parcours la circonférence du cercle en marquant un point à chaque mouvement du compas. Ces six points divisent la circonférence en six parties égales. Par six lignes je joindrai ces six points. Elles me donneront un hexagone régulier.

PROBLÈME IV.

Dans un cercle donné, formez un triangle équilatéral.

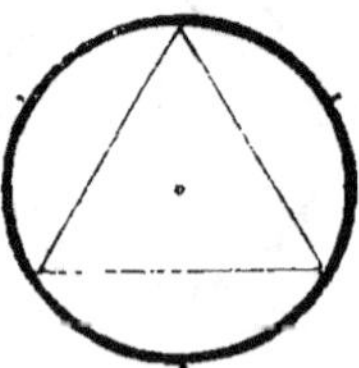

En prenant le rayon pour mesure, je marque six points sur la circonférence du cercle, comme je l'ai fait pour l'hexagone. Je tire une corde du premier au troisième, du troisième au cinquième, et du cinquième au premier. Ces trois cordes formeront un triangle équilatéral.

Exercice.

Dans un cercle donné, formez un dodécagone régulier.

PROBLÈME V.

Dans un carré donné, formez un cercle.

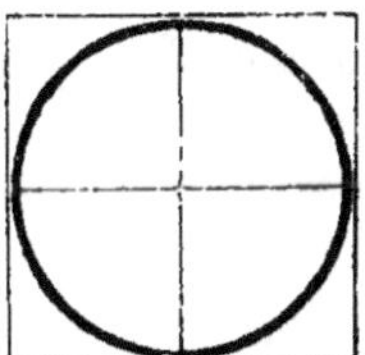

Je partage le carré en quatre, par deux perpendiculaires. Le point où elles se coupent sera le centre, et les lignes qui partent de ce centre sont les rayons. En mettant une pointe du compas au centre, je parcours, avec l'autre, les extrémités des rayons. Ce cercle ne fera que toucher les quatre côtés du carré.

PROBLÈME VI.

Dans un octogone régulier donné, formez un cercle.

Au milieu de deux côtés quelconques, j'élève deux perpendiculaires. Je mets une pointe de compas au point où les deux perpendiculaires se rencontrent, et, avec l'autre, je décris un cercle qui passe par les bases des deux perpendiculaires. Ce cercle sera le cercle demandé.

PROBLÈME VII.

Dans un hexagone régulier, décrivez un cercle, sans faire usage des perpendiculaires.

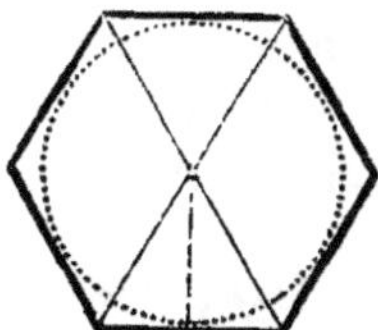

Je mène deux diagonales qui se croisent et qui joignent les angles

les plus éloignés. Le point où elles se couperont sera le centre. De ce centre j'abaisse sur l'un des côtés une perpendiculaire qui me donnera le rayon du cercle. Je mets une pointe du compas sur le centre, et de l'autre je décris, avec le rayon trouvé, une circonférence. Elle donnera le cercle demandé.

PROBLÈME VIII.

Dans un triangle quelconque donné, par exemple un triangle scalène, décrivez un cercle.

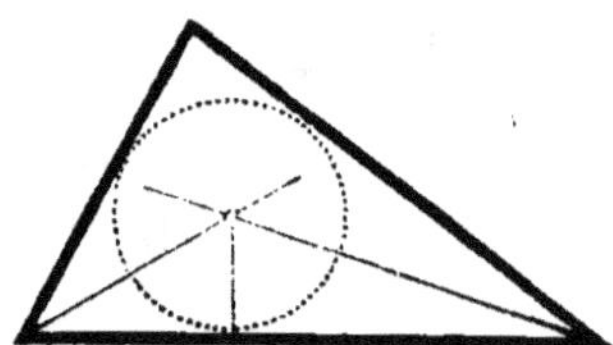

Je divise en deux parties égales deux angles quelconques du triangle par deux lignes indéfinies. Le point où elles se rencontrent sera le centre du cercle. De ce centre j'abaisse une perpendiculaire sur la base. Cette perpendiculaire sera le rayon du cercle demandé.

PROBLÈME IX.

Autour d'un cercle donné, formez un carré.

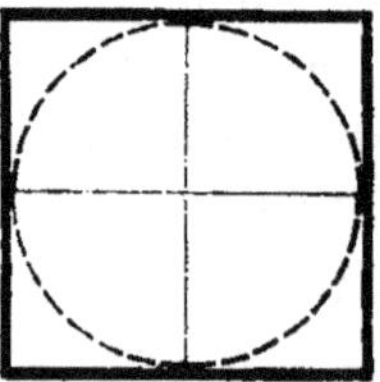

Je mène deux diamètres perpendiculaires l'un à l'autre. Aux quatre points où ces diamètres rencontrent le cercle, je mène quatre perpendiculaires. Ces quatre lignes formeront le carré.

Exercice.

Autour d'un cercle, formez un octogone régulier.

PROBLÈME X.

Autour d'un cercle, formez un hexagone régulier.

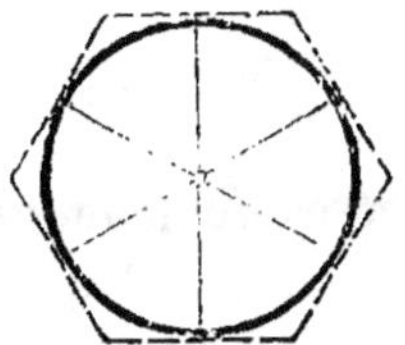

Je mesure, avec mon compas, la grandeur du rayon, et, avec cette distance, je parcours la circonférence du cercle, en marquant six points. Je joins ces points au centre par six rayons. Je mène une perpendiculaire à l'extrémité de chacun de ces rayons. Ces perpendiculaires formeront l'hexagone demandé.

Exercice.

Autour d'un cercle, decrivez un triangle équilatéral.

PROBLÈME XI.

Autour d'un carré donné, décrivez un cercle.

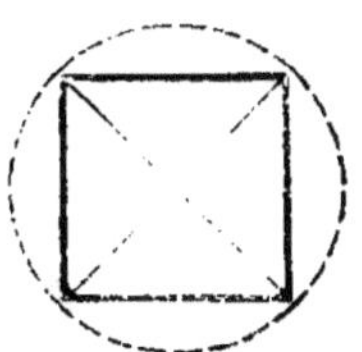

Je mène les deux diagonales. Je mets une pointe de mon compas sur le point où elles se coupent, et, avec l'autre, je décris un cercle qui passe par les extrémités de ces diagonales. Il sera le cercle demandé.

PROBLÈME XII.

Autour d'un hexagone régulier, décrivez un cercle.

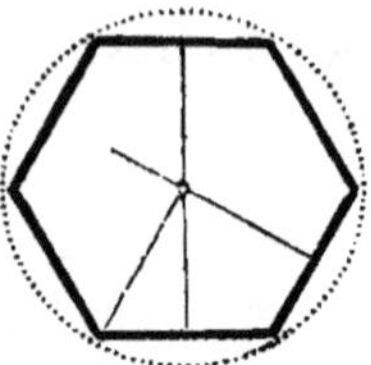

Sur le milieu de deux côtés quelconques j'élève deux perpendiculaires qui se rencontrent en un point qui sera le centre du cercle. Je joins ce point à l'un des angles, et avec ce rayon je décris un cercle qui passera par les sommets de tous les angles. Ce sera le cercle demandé.

Exercice.

Autour d'un triangle, décrivez un cercle.
Autour d'un octogone, décrivez un cercle.

FIN DU QUATRIÈME LIVRE.

LIVRE V,

OU

ÉTUDE DE LA CINQUIÈME CLASSE.

APPLICATIONS DES NOTIONS PRÉCÉDENTES A DIFFÉRENS PROBLÈMES.

OBSERVATIONS.

Dans ce dernier livre, on a cru indispensable de faire connaître les figures semblables et les figures égales; car quel est l'ouvrier qui n'est pas obligé de faire un travail ou égal ou semblable à un autre? C'est pour cela qu'on donnera la connaissance des deux échelles, et celle des rapports ou des proportions géométriques qu'on a rendues sensibles par des rangées de jetons. Ce livre est terminé par des notions sur les principaux solides, dont on fait former des modèles aux élèves mêmes, avec des morceaux de carton.

§ Ier. FIGURES ÉGALES.

PROBLÈME Ier.

Faites un triangle égal à un triangle donné.

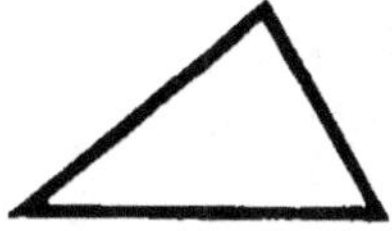

Je trace à côté de ce triangle une ligne de la même longueur que sa base. En prenant pour centres les deux extrémités de cette ligne, et pour rayons les deux autres côtés du triangle, je décris deux arcs de cercle qui se coupent en un point. De ce point je tire deux lignes aux extrémités de la première. Ces trois lignes réunies formeront le triangle demandé.

PROBLÈME II.

Faites un quadrilatère égal à un quadrilatère donné.

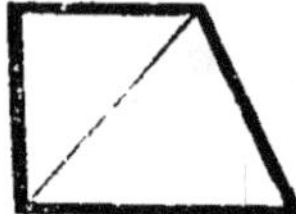

Par le moyen d'une diagonale, je divise le quadrilatère en deux triangles. Je trace sur mon papier une ligne qui soit égale à cette diagonale. Au-dessus je forme un triangle égal au triangle supérieur du quadrilatère, et au-dessous un triangle égal au triangle inférieur. La réunion de ces deux triangles formera le quadrilatère demandé.

PROBLÈME III.

Faites un polygone quelconque égal à un autre polygone donné, par exemple à un pentagone.

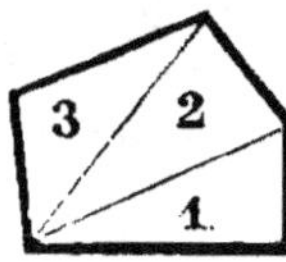

D'un angle quelconque du polygone, je mène autant de diagonales qu'il en faut pour partager le polygone en triangles, en les marquant des numéros 1, 2, 3, et suivans. Je trace sur mon papier une ligne égale à la base du triangle n. 1, et je forme un triangle égal au n. 1. Sur la ligne qui répond à la première diagonale, je forme le triangle n. 2. Sur la ligne égale à la seconde diagonale, je forme le triangle n. 3. J'aurai ainsi le polygone demandé.

PROBLÈME IV.

Faites une courbe égale à une courbe donnée.

Par une ligne droite je joins les deux extrémités de la courbe. Je divise cette ligne en un certain nombre de parties égales, en les marquant par des points. Par ces points je mène des perpendiculaires jusqu'à la rencontre de la courbe.

Cette première opération faite, je forme sur mon papier une ligne égale à celle qui ferme la courbe, et divisée de la même manière. Sur chaque point de division j'élève des perpendiculaires de même longueur que celles qui rencontrent la courbe. D'une extrémité à l'autre de ces perpendiculaires, je trace de petites courbes égales, autant que possible, aux diverses parties de la courbe divisée. L'ensemble de mes petites courbes présentera la courbe demandée. Plus les perpendiculaires seront rapprochées, plus ma courbe sera exacte.

PROBLÈME V.

Faites une courbe égale à une courbe dont les deux extrémités sont jointes.

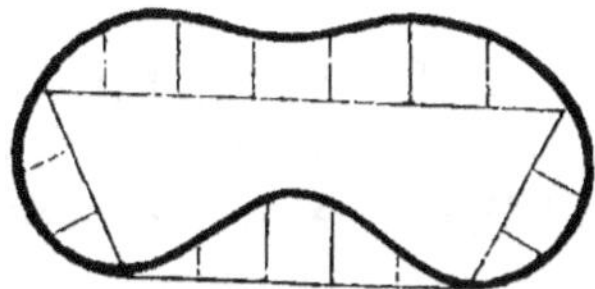

Je marque à volonté plusieurs points sur cette courbe, et je les joins par des lignes, de manière à former soit un triangle, soit un carré, soit un polygone. Je trace sur mon papier un polygone égal, et sur les différents côtés, je décris, comme par le problème précédent, des courbes égales à celles de la figure donnée. Leur réunion formera la courbe demandée.

§ II. FIGURES SEMBLABLES.

Les figures semblables sont celles qui ont la même forme, mais qui sont ou plus petites ou plus grandes que la figure donnée.

PROBLÈME VI.

Faites un triangle semblable à un triangle donné, mais plus petit que ce dernier.

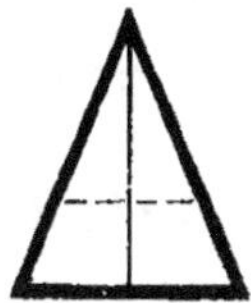

J'abaisse du sommet une perpendiculaire sur la base, et à partir de ce même sommet, je mesure sur la perpendiculaire la hauteur du triangle que je veux former, en la marquant d'un point. Par ce point je mène une parallèle à la base. Cette parallèle, et les deux côtés du sommet, formeront un triangle semblable au triangle donné, mais plus petit que ce dernier.

PROBLÈME VII.

Faites un triangle semblable à un triangle donné, mais plus grand que ce dernier.

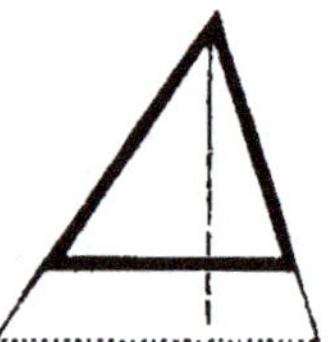

Je prolonge indéfiniment les côtés du triangle, et je mène du sommet, sur la base, une perpendiculaire indéfinie. A partir du sommet, je mesure, sur la perpendiculaire, la hauteur du triangle que je veux former en la marquant d'un point. Par ce point je mène une parallèle à la base du triangle donné. Cette parallèle, et les deux côtés prolongés du sommet, formeront un triangle semblable au triangle donné, mais plus grand que ce dernier.

PROBLÈME VIII.

Formez un quadrilatère semblable à un quadrilatère donné, mais plus petit que ce dernier.

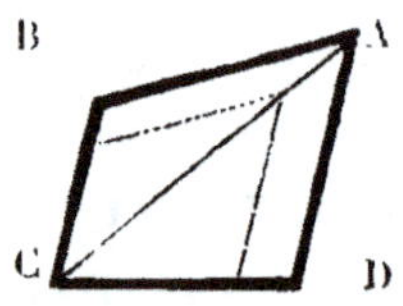

Par le moyen d'une diagonale, je partage le quadrilatère en deux triangles. D'un point quelconque, pris sur la base B C du triangle A B C, je mène une parallèle au côté A B, en la terminant à la diagonale. Au point où cette ligne rencontre la diagonale, je mène une parallèle au côté A D. Ces deux parallèles, avec les deux lignes opposées du quadrilatère qui forment l'angle C, donneront un quadrilatère semblable au quadrilatère donné, mais plus petit que ce dernier.

Exercice.

Faites un quadrilatère semblable à un quadrilatère donné, mais plus grand. *Réponse.* Je prolonge indéfiniment les deux côtés C D et C B, ainsi que la diagonale. Je tire les parallèles en dehors du quadrilatère donné, au lieu de les tracer en dedans, comme j'ai fait dans le problème précédent. J'aurai par là la solution du problème.

PROBLÈME IX.

Faites un polygone semblable à un autre polygone, mais plus petit que ce dernier. Prenez pour exemple un pentagone.

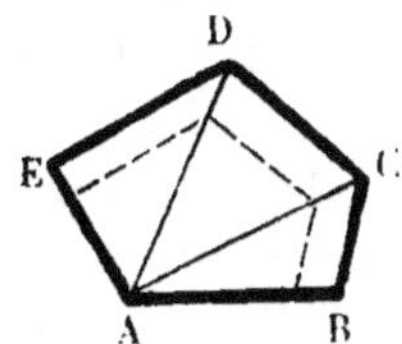

D'un angle quelconque du polygone, par exemple de l'angle A, je mène autant de diagonales qu'il en faut pour le partager en triangles, par exemple les diagonales A C, A D. Sur la base A B du triangle A B C, je prends à volonté un point par lequel je mène une parallèle au côté B C, en la terminant au point où elle rencontre la première diagonale. Par ce point je mène une parallèle au côté C D, en la terminant au point où elle rencontre la seconde diagonale. Par ce dernier point je mène une parallèle au côté D E. Les trois parallèles tracées et les deux parties des côtés du premier polygone qui forment l'angle A, donneront un pentagone semblable au pentagone donné, mais plus petit que ce dernier.

Exercice.

Faites un pentagone semblable à un pentagone donné, mais plus grand que ce dernier. Je prolonge indéfiniment les deux côtés A B et A E et les deux diagonales. D'un point pris, sur le prolongement de la base, je mène des parallèles en dehors du polygone, au lieu de les tracer en dedans comme j'ai fait dans le problème précédent. J'aurai par là la solution du problème.

PROBLÈME X.

Faites une courbe semblable à une courbe donnée, mais plus petite que cette dernière.

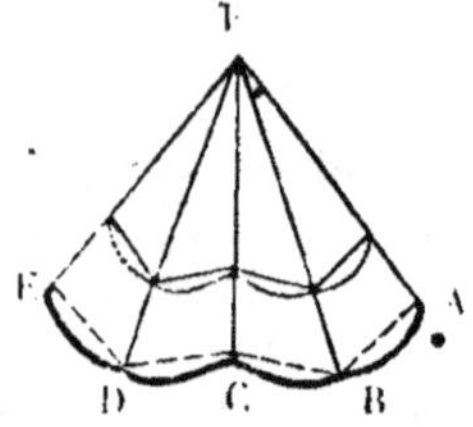

Je prends à volonté sur la courbe donnée les points A, B, C, D, E. Au dehors de la courbe je marque le point F. De ce point je mène les lignes F A, F B, F C, F D, F E ; je tire les lignes A B, B C, C D, D E, qui, avec les deux lignes A F et F E, formeront un hexagone. D'un point quelconque de la ligne A F, je forme, par le problème précédent, un polygone semblable au polygone A B C D E F. Sur les quatre bases des petits triangles qui forment le petit hexagone, je décrirai quatre petites courbes semblables à celles de la base du grand triangle. Elles me donneront la courbe semblable à la courbe donnée, mais plus petite qu'elle.

Exercice.

Faites une courbe semblable à une courbe donnée, mais plus grande que cette dernière.

Je ferai la même opération que dans le problème ci-dessus, mais au lieu de faire un hexagone semblable plus petit, je le ferai plus grand.

§ III. RAPPORTS ET PROPORTIONS GÉOMÉTRIQUES.

PROBLÈME XI.

Présentez trois quantités dont la première soit l'*antécédent*, la seconde le *conséquent*, et la troisième le *rapport* ou *quotient*.

Antécédent.	Conséquent.
0	0
0	0
0	0
0	
0	
0	

Rapport.
00

Je prends comme exemple les quantités 6 pour antécédent, et 3 pour conséquent. Je vois que le conséquent est contenu 2 fois dans l'antécédent. Je marque 2 que j'appelle rapport ou quotient.

PROBLÈME XII.

Cherchez le rapport de 12 à 6.

Antécédent.	Conséquent.
00	0
00	0
00	0
00	0
00	0
00	0

Rapport.
00

Je vois que le conséquent 6 est contenu deux fois dans l'antécédent 12. Je marque 2 que j'appelle rapport ou quotient.

PROBLÈME XIII.

Faites voir quel rapport proportionnel il y a entre les quatre quantités énoncées ci-dessus.

Premier Antécédent.	Premier Conséquent.	Deuxième Antécédent.	Deuxième Conséquent.
00	0	0000	00
00	0	0000	00
00	0	0000	00

Premier rapport. 00 — Deuxième rapport. 00

Je trouve que 6 est à 3 comme 12 est à 6, et que le rapport des deux premières quantités est égal à celui des deux secondes.

PROBLÈME XIV.

Donnez l'exemple de deux rapports inégaux.

Premier Antécédent.	Premier Conséquent.	Deuxième Antécédent.	Deuxième Conséquent.
		00	0
000	0	00	0
000	0	00	0
000	0	00	0

Premier rapport. 000 — Deuxième rapport. 00

Je prends d'une part 9 et 3, et de l'autre 8 et 4. Je trouve que le quotient de 9 par 3 est 3, et que celui de 8 par 4 est 2, et je trouve ainsi que ces deux rapports sont inégaux.

Y a-t-il un rapport proportionnel entre les quatre quantités ci-dessus?

Il ne peut pas y avoir de rapport proportionnel, parce que les deux quotients ne sont pas égaux.

PROBLÈME XV.

Présentez trois quantités dont la première soit à la seconde comme la seconde est à la troisième.

Première quantité.	Deuxième quantité.	Troisième quantité.
0	00	0000
0	00	0000
0	00	0000

Premier rapport.	Deuxième rapport.
00	00

Dans les quantités 3, 6, 12, je trouve que le rapport de 3 à 6 est le même que celui de 6 à 12 ; et je dis que 6 est la moyenne proportionnelle entre 3 et 12. De même 12 serait la moyenne proportionnelle entre les quantités 6, 24. De même 24 serait la moyenne proportionnelle entre 12 et 48 ; ainsi de suite.

Que forment les quantités 3, 6, 12, 24, 48, etc.?

Elles forment une progression géométrique, parce que la 1re est à la 2me comme la 2me est à la 3me, comme la 3me est à la 4me, comme la 4me est à la 5me, etc., c'est-à-dire que chaque quantité est le double de celle qui la précède.

PROBLÈME XVI.

Trouvez, entre les lignes, les mêmes proportions que vous avez trouvées entre les quantités.

Je formerai trois rangées avec des jetons dont chacun représentera un centimètre.

La première en contiendra 3, la seconde 6 et la troisième 12. Exemple :

000 3 centimètres.
000000 6 centimètres.
000000000000 12 centimètres.

On trouvera alors qu'une ligne de 6 centimètres est à une ligne de 3 centimètres comme une ligne de 12 est à une ligne de 6.

J'en userai de même pour montrer qu'une ligne de 8 mètres est moyenne proportionnelle entre une ligne de 4 et une ligne de 16, et qu'une ligne de 12 est moyenne proportionnelle entre une ligne de 6 mètres et une de 24.

PROBLÈME XVII.

Appliquez cette même proportion aux surfaces.

Je dirai, 1° qu'une surface de 3 mètres carrés est à une surface de 6 mètres carrés comme une surface de 6 est à une surface de 12.

2° Qu'une surface de 8 mètres carrés est moyenne proportionnelle entre une surface de 4 mètres carrés et une surface de 16.

3° Qu'une surface de 12 mètres carrés est moyenne proportionnelle entre une surface de 6 et une surface de 24.

PROBLÈME XVIII.

Cherchez une moyenne proportionnelle à deux lignes données.

Je porte sur mon papier une ligne égale à la première ligne donnée, et je la prolonge d'une quantité égale à la seconde, en marquant d'un point l'endroit où commence le prolongement. Je divise la ligne totale en deux parties égales; du point milieu, pris pour centre, je décris une demi-circonférence. Au point où les deux lignes se joignent, j'élève une perpendiculaire jusqu'à la circonférence. Cette perpendiculaire sera la moyenne proportionnelle entre les deux lignes données.

§ IV. ÉCHELLES.

PROBLÈME XIX.

Formez, sur une ligne donnée, une échelle dont chaque grande partie représente un mètre, et chaque petite un décimètre.

1 0 1 2 3 4 5 6 7 8 9 10

Je divise la ligne en onze parties égales, et par des points je sépare chaque division. A partir de l'extrémité gauche de la ligne, je marque sur ces points les numéros 1, 0, 1, 2, 3, 4, 5, etc. Je partage ensuite la première division à gauche en dix parties égales, et par neuf points, je sépare encore chaque partie. La ligne ainsi divisée me donne l'échelle de dix mètres, et ses dixièmes, c'est-à-dire les mètres.

Exercice.

Prenez sur cette échelle une mesure qui représente trente-trois mètres.

Je mets une pointe du compas sur le numéro 3 et l'autre sur le troisième point de la petite division à gauche, à partir de zéro. Cette ouverture de compas me donnera la mesure de trente-trois mètres.

PROBLÈME XX.

Formez, sur une ligne donnée, une échelle de un mètre.

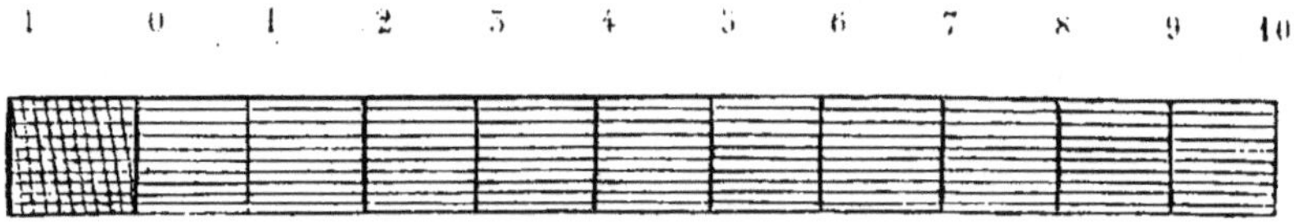

1 0 1 2 3 4 5 6 7 8 9 10

Je divise d'abord cette ligne en onze parties égales par des perpendiculaires égales entre elles. Sur la première je marque 1, sur la seconde o, sur la troisième 1, sur la quatrième 2, ainsi de suite. Je partage la première perpendiculaire en dix parties égales par des points, et par ces points je mène des parallèles à la ligne donnée. J'obtiens ainsi un grand parallélogramme composé de onze petits. Je divise par des points, en dix parties égales, la base et la ligne supérieure du premier parallélogramme. Du premier point à gauche de 0 sur la ligne supérieure, au point 0 de la base inférieure, du second point supérieur au premier de la base, du troisième au second, du quatrième au troisième, etc., je tire des lignes obliques. Mon échelle de 1 mètre sera formée.

Exercice 1.

Prenez sur cette échelle une mesure qui représente trente-six centimètres.

Je mets une pointe du compas sur le point supérieur de la perpendiculaire n° 3, et l'autre sur la sixième oblique. Cette ouverture du compas me donnera trois décimètres trois centimètres ou trente-six centimètres.

Exercice 2.

Prenez une mesure qui représente trente-trois centimètres et un, deux ou trois millimètres.

Au lieu de placer les pointes du compas sur la première horizontale, comme dans l'exemple précédent, je les place sur la seconde pour un millimètre, sur la troisième pour deux millimètres, sur la quatrième pour trois millimètres.

§ V. SURFACES.

PROBLÈME XXI.

Mesurez la surface d'un carré parfait de six mètres, c'est-à-dire, trouvez combien de mètres carrés contient ce carré.

Je multiplie 6 par 6 : le produit 36 sera le nombre de mètres carrés contenus dans le carré donné. C'est ainsi qu'en plaçant sur une rangée de six jetons, cinq autres rangées pareilles, j'aurai la somme de 36 jetons.

PROBLÈME XXII.

Trouvez la surface d'un carré long de 8 mètres de longueur sur 3 de hauteur.

Je multiplie 8 par 3, et le produit 24 me donne le nombre de mètres carrés contenus dans le carré long donné. C'est ainsi qu'en formant trois rangées de 8 jetons l'une sur l'autre, j'aurai la somme de 24 jetons.

PROBLÈME XXIII.

Trouvez la surface d'un rhomboïde dont la base a 8 mètres de longueur, et dont la perpendiculaire à cette base est de 3 mètres.

Je multiplie 8 par 3, et le produit 24 est le nombre de mètres carrés qui seraient contenus dans le rhomboïde. Ainsi en formant trois rangées de jetons, dont la seconde commence au-dessus du second jeton de la première, et la troisième au-dessus du troisième jeton, j'aurai la somme de 24 jetons.

Nota : On trouve la surface du rhombe en multipliant la base par la hauteur, et celle du triangle en multipliant la base par la moitié de la hauteur.

§ VI. SURFACES ÉQUIVALENTES.

PROBLÈME XXIV.

Faites un carré parfait équivalent à un carré long de 9 mètres sur 4.

Par le problème XVIII, je prends une moyenne proportionnelle entre la base et la hauteur du carré long. Elle me donnera la base du carré parfait. C'est ainsi qu'en faisant quatre rangées de 9 jetons l'une sur l'autre, je forme un carré long de 36 jetons ; et qu'en formant un carré long de six jetons sur six, j'emploie de même 36 jetons.

PROBLÈME XXV.

Faites un carré équivalent à un rhomboïde dont la base soit de 9 mètres et la hauteur de 4.

Je prends une moyenne proportionnelle entre la base et la hauteur du rhomboïde. Elle sera le côté du carré cherché. Je puis démontrer cela par des jetons comme dans le problème précédent.

N. B. On fait un carré équivalent à un rhombe en prenant une moyenne proportionnelle entre la base et la hauteur de ce rhombe. On fait un carré équivalent à un triangle en prenant une moyenne proportionnelle entre la base et la moitié de la hauteur du triangle.

PROBLÈME XXVI.

Faites un carré égal à la somme de deux autres carrés donnés.

Avec les bases des deux carrés donnés, je forme un angle droit. Je ferme cet angle par une ligne ; cette ligne, qu'on nomme hypothénuse, sera le côté du carré cherché.

§ VII. SOLIDES.

PROBLÈME XXVII.

Faites, avec un morceau de carton, un prisme triangulaire régulier, c'est-à-dire un prisme triangulaire droit, et dont toutes les faces soient égales.

Je dessine sur ce carton un carré long ou parallélogramme rectangle. Sur les deux côtés longs je trace deux parallélogrammes égaux au premier. Je plie mes trois carrés longs de manière que les trois bases forment un triangle équilatéral. J'ai ainsi un prisme triangulaire régulier.

PROBLÈME XXVIII.

Faites un prisme quadrangulaire régulier.

Je dessine sur le carton quatre carrés longs égaux qui se tiennent et qui aient tous la même base. Je plie mes quatre carrés longs de manière que les quatre bases forment un carré parfait. J'ai ainsi un prisme quadrangulaire régulier.

PROBLÈME XXIX.

Faites un prisme pentagonal régulier.

Je dessine sur le carton cinq carrés longs égaux, qui se tiennent par un côté et qui aient tous une base égale. Je plie mes cinq carrés longs de manière qne les cinq bases forment un pentagone régulier. J'ai ainsi un prisme pentagonal régulier.

PROBLÈME XXX.

Faites un parallélipipède.

Je dessine sur le carton quatre rhomboïdes égaux; je les adapte les uns à côté des autres, de manière qu'ils forment par leurs bases un losange ou un carré. Cette figure, qui forme un prisme oblique, sera un parallélipipède.

PROBLÈME XXXI.

Faites un cylindre.

Je coupe un carton en carré long, et je le roule de manière que les deux bouts du rouleau forment deux cercles égaux; j'obtiendrai ainsi un cylindre.

PROBLÈME XXXII.

Faites une pyramide triangulaire régulière.

Après avoir dessiné un triangle isocèle, je trace, sur chacun de ses deux côtés égaux, un triangle égal au premier. En pliant ces deux triangles l'un vers l'autre, le long des deux côtés égaux du premier triangle, ils se joindront par leur côté extérieur, les trois bases des trois triangles formeront un triangle équilatéral, et la pyramide sera formée.

On opérera de même en prenant pour premier triangle un triangle équilatéral.

PROBLÈME XXXIII.

Faites une pyramide quadrangulaire régulière.

Je forme quatre triangles égaux, isocèles ou équilatéraux, et je les place de manière que leurs sommets soient réunis en un point, et que leurs bases forment un carré parfait.

PROBLÈME XXXIV.

Faites une pyramide pentagonale régulière.

Je forme cinq triangles égaux, isocèles ou équilatéraux, et je les place de manière que leurs sommets soient réunis en un même point et que leurs bases forment un pentagone régulier.

PROBLÈME XXXV.

Faites un cône droit.

Je place une pointe de mon compas sur le carton, et avec l'autre je décris un grand arc. Je coupe le secteur que forme ce grand arc, et je le roule de manière à former en quelque sorte un pain de sucre.

PROBLÈME XXXVI.

Faites un cube.

Je forme une boîte de carton dont les quatre côtés, ainsi que la base et le haut, soient des carrés parfaits égaux. Cette boîte, qui ressemblera à un gros dé à jouer, formera un cube.

FIN DU CINQUIÈME ET DERNIER LIVRE.

TABLE.

FIN DE LA TABLE.

www.ingramcontent.com/pod-product-compliance
Lightning Source LLC
LaVergne TN
LVHW020043170826
845678LV00001B/400
9782329696331